Köpfe

Jan. 13
Richter

& Ideen

Die Reihe **Köpfe & Ideen** präsentiert große Forscher und Forscherinnen, die mit ihren revolutionären Ideen unser Bild der Welt beeinflußt und verändert haben. Anschaulich und anregend, kompetent und kompakt beschreiben die einzelnen Bände die Vorgeschichte und den »magischen Moment« der Entdeckung. Parallel dazu zeichnen sie ein Lebensbild dieser Männer und Frauen, die die Grenzen des Denkens ihrer Zeit sprengten und unser Wissen über die Welt und uns selbst erweiterten.
Weitere Bücher in dieser Reihe: ›Crick, Watson & die DNA‹, Bd. 14112; ›Hawking & die Schwarzen Löcher‹, Bd. 14111; ›Turing & der Computer‹, Bd. 14113; ›Archimedes & der Hebel‹, Bd. 14117 (in Vorbereitung); ›Bohr & die Quantentheorie‹, Bd. 14120 (in Vorb.); ›Curie & die Radioaktivität‹, Bd. 14121 (in Vorb.); ›Darvin & die Evolution‹, Bd. 14395 (in Vorb.); ›Einstein & die Relativität‹, Bd. 14114 (in Vorb.); ›Galilei & das Sonnensystem‹, Bd. 14118 (in Vorb.); ›Oppenheimer & die Bombe‹, Bd. 14119 (in Vorb.); ›Pythagoras & sein Satz‹, Bd. 14115 (in Vorb.).

Paul Strathern, geboren in London, studierte Philosophie und Mathematik. Er ist Autor zahlreicher Bücher, darunter mehrere Romane und Reisebeschreibungen. Er schreibt für verschiedene Magazine und Zeitungen (*The Observer, The Daily Telegraph, The Irish Times*). Strathern lebt mit seiner Familie in London.

Sir Isaac Newton (1643–1727) hat wie kein anderer Naturwissenschaftler unser Bild der Welt verändert. Der britische Mathematiker, Physiker und Astronom gilt als Begründer der klassischen theoretischen Physik und der exakten Naturwissenschaften der Neuzeit. Von ihm stammen die bis heute maßgeblichen Theorien über die Schwerkraft und die Bewegungen der Planeten, über mathematische Verfahren der Flächenberechnung und über die Natur des Lichts. Strathern zeigt, wie revolutionär Newtons Ideen zu seiner Zeit waren und wie sehr seine Entdeckungen unser Leben beeinflußt und verändert haben.

& Ideen

Köpfe

Paul Strathern

Newton & die Schwerkraft

Aus dem Englischen
von Xenia Osthelder

Fischer Taschenbuch Verlag

Ideen

Deutsche Erstausgabe
Veröffentlicht im Fischer Taschenbuch Verlag GmbH,
Frankfurt am Main, Oktober 1998

Die englische Originalausgabe erschien 1997
unter dem Titel ›Newton & Gravity‹
im Verlag Arrow Books, London

Redaktion: Felix Rudloff
Reihenkonzeption: Stephanie Keyl und Katja von Ruville
Frontispiz: AKG Berlin
Gesamtherstellung: Clausen & Bosse, Leck
Printed in Germany
ISBN 3-596-14116-6

Inhalt

& Ideen

Einleitung

& Ideen

Man kann mit Fug und Recht behaupten, daß Newton den schärfsten Verstand besaß, den die Menschheit bisher hervorgebracht hat. Shakespeare bediente sich der Sprache wie kein anderer, und Napoleon nutzte seine Persönlichkeit auf einmalige Weise, doch niemand hat die menschliche Erkenntnis so weit vorangetrieben wie Newton.

Sein Werk stellt einen revolutionären Fortschritt in unserem Denken dar; es hat die Menschheit einen Riesensprung vorangebracht. Lange bevor wir überhaupt an eine Landung auf dem Mond dachten, ebnete Newton uns den Weg dafür. Vor Newton war der Mond ein Teil des Himmels und gehorchte unbekannten Gesetzen; nach Newton war der Mond ein Satellit der Erde, von der Schwerkraft unseres Planeten auf seiner Umlaufbahn gehalten.

Doch die Entdeckung der Schwerkraft war nur die größte von Newtons vielen bahnbrechenden Leistungen. Die Kraftgesetze, die Infinitesimalrechnung, die Natur des Lichts, die Newtonschen Axiome, die Binominalreihe, Newtons Methode der numerischen Analysis – die Liste nimmt kein Ende. Kein Wissenschaftler hat so vielen Einheiten und mathematischen Größen seinen Namen gegeben: Das Newton (die SI-Einheit N, die internationale Einheit der Kraft), die Newtonschen Flüssigkeiten, die Newtonsche Formel (für Linsen), die Newtonschen Ringe (in der Optik), der Newton Quotient (in der Differentialrechnung) und noch vieles mehr – alle sind direkte Ergebnisse seiner Arbeit.

Möglich war dies nur, weil Newton zur richtigen Zeit lebte. So wie Dante seine ›Göttliche Komödie‹ nur vor dem Hintergrund der universellen Hierarchie des Mittelalters dichten konnte, wurden Newtons Entdeckungen erst möglich, nachdem Kopernikus und Galilei das wissenschaftliche Denken von eben diesen strengen mittelalterlichen Regeln befreit hatten. Newton räumte ein: »Wenn ich weiter gesehen habe, so deshalb, weil ich auf den Schultern von Giganten stand.«

Die Fesseln des Mittelalters waren gefallen, und das Tor der Erkenntnis öffnete sich einer neuen Welt. Nicht lange vor seinem Tod sagte Newton: »Ich weiß nicht, wie die Welt mich sieht; ich kam mir selbst immer nur wie ein kleiner Junge vor, der am Strand spielt und sich von Zeit zu Zeit damit vergnügt, einen noch glatteren Kiesel oder eine noch hübschere Muschelschale zu finden, während der große Ozean der Wahrheit völlig unentdeckt vor mir lag.« Die hier bekundete Bescheidenheit ist in Wirklichkeit keine, denn niemand außer Newton hatte diesen ungeheuren Weitblick. Newton mag sich dessen durchaus bewußt gewesen sein, denn von Hause aus war er nicht bescheiden.

Wie war dieser Mensch, der über den schärfsten Verstand aller Zeiten verfügte? Für seine Zeitgenossen eine Art Einstein, ein zahmer Exzentriker, ein Exemplar einer vom Aussterben bedrohten Art, ein zerstreutes Genie von unbestreitbarem Format. Keiner wie sie, und doch bis zu einem gewissen Grad liebenswert; eine durch das schiere Gewicht ihrer Leistung gravitätische

Gestalt. Newton war der einsame Gelehrte, von seinen Kollegen in Cambridge als Vertreter ins englische Parlament entsandt. Er war der von allen verehrte, alljährlich einstimmig wiedergewählte Präsident der Royal Society, der Direktor der Königlichen Münze, von den Fälschern der Londoner Unterwelt gefürchtet und gehaßt. Nur den einfachen Leuten konnte er kein X für ein U vormachen, wie das häufig der Fall ist. Sie wußten um die tief gestörte, rachsüchtige Persönlichkeit und ihre verwerflichen Geheimnisse hinter der strengen Fassade.

Isaac Newton wurde am ersten Weihnachtstag 1642 (Julianischer Kalender) im Herrenhaus des Weilers Woolsthorpe in Lincolnshire geboren. Sein großer wissenschaftlicher Vorgänger Galilei war einige Monate zuvor gestorben.

Im Stammbaum der Familie findet sich kein Vorfahr, der sich in irgendeiner Weise hervorgetan hätte. Newtons Vater, der ebenfalls Isaac hieß, war ein begüterter Landwirt, der noch nicht einmal seinen Namen schreiben konnte. »Ein zügelloser, verschwenderischer, schwacher Mann«, lautet das Urteil seiner Familie. Er starb drei Monate vor der Geburt seines Sohnes. Newtons Mutter war die Tochter einer mittellosen, aber angesehenen Familie aus der Gegend. Sie stand im Ruf, eine arbeitsame und genügsame Frau zu sein.

Isaac war eine Frühgeburt und so klein, daß er »in eine Milchkanne« paßte. Man ging nicht davon aus, daß er den Tag seiner Geburt überleben würde. Er war dennoch Zeit seines Lebens außergewöhnlich gesund und sollte 84 Jahre alt werden. Bereits Halbwaise, verlor der kleine Isaac seine Mutter, als er nur anderthalb Jahre alt war. 1644 heiratete Hannah Newton nämlich den 64jährigen Barnabas Smith, einen vermögenden Geistlichen, und zog zu ihm ins Dorf North Witham. Den kleinen Isaac ließ sie bei seiner Großmutter zurück.

Newton vergaß dieses traumatische Erlebnis nie, es sollte seinen Charakter für immer prägen. Als Erwachsener litt er unter Jähzorn, paranoider Rachsucht und war gelegentlich psychisch labil. Er liebte seine Mutter, und sie hatte ihn verlassen. Hassen konnte er sie nicht, doch wer immer ihm eine willkommene Gelegenheit bot, seine aufgestaute Wut auszulassen, bedurfte Gottes Beistand.

North Witham lag nur drei Kilometer von Woolsthorpe entfernt, ein wenig weiter das Tal hinauf. Vom Hügel hinterm Haus konnte der kleine Isaac sogar über die Felder hinweg den Kirchturm sehen. Doch in Wirklichkeit trennten ihn Welten von seiner Mutter, und sein leiblicher Vater war »im Himmel«. Als Erwachsener widmete sich Newton tiefsinnigen Spekulationen über entfernte Himmelskörper und deren Anziehungskraft. Es überrascht nicht, daß die Psychologen hier mehr als nur einen Zufall sehen.

Ein Zeitgenosse Newtons behauptete, Newton sei ein »nüchterner, schweigsamer und nachdenklicher Junge« gewesen. Gelegentlich überkamen Newton aber auch Wutanfälle. Newton selbst erinnerte sich später: »Ich habe meinem Vater und meiner Mutter Smith gedroht, ich würde sie mitsamt dem Haus verbrennen.« Seine Wut erstreckte sich anfangs also auch auf seine Mutter. Im übrigen ist Pyromanie kaum ein Zeichen für Normalität, selbst wenn sie nur ein Wunsch bleibt.

Doch nicht nur Newtons Gemüt stand in Flammen. In seinem Geburtsjahr trieb Charles I. mit seiner Überzeugung vom »göttlichen Recht der Könige« die Parlamentarier schließlich dazu, seine Herrschaft anzufechten. Während der ersten sechs Jahre von Newtons Leben wurde England vom Bürgerkrieg heimgesucht. Er endete 1649 mit einem Sieg der Parlamentarier und der Hinrichtung Charles I. Im Verlauf der Auseinandersetzungen kam es immer wieder zu Kampfhandlungen und Brandschatzungen in Lincolnshire. Newton und die übrigen Grundbesitzer der Gegend standen zwar auf der Seite des Königs, doch nicht in dem Maße, um für ihn zu den Waffen zu greifen.

Der Sieg der Parlamentarier – die erste erfolgreiche Revolution in Europa – führte zur Errichtung des Commonwealth of England, dem nachrevolutionäre Exzesse folgten – wie es heutzutage die Norm ist. Der Bevölkerung wurde ein repressiver Puritanismus aufgezwungen; Tanzvergnügen und öffentliche Belustigungen waren untersagt, und selbst Weihnachten war mehr ein Tag des Gebets als des Feierns. Die Familien in Lincolnshire waren davon allerdings kaum betroffen. Sie führten schon lange ein gottesfürchtiges Leben, lasen in der Bibel und verdammten die Lust des Fleisches. Der junge Isaac wuchs in einer puritanischen Familie auf und übernahm automatisch deren Gewohnheiten. Wollte er den Willen von Gottvater ergründen, schlug er in der Bibel nach. Eine Angewohnheit, die er sein ganzes Leben beibehielt.

Doch der Vater im Himmel war nicht nur Gott im Himmel, er war auch Newtons Vater im Himmel. Newtons Psychologie ist ein Feld, das noch immer gern untersucht wird, und viele Psychologen stimmten darin überein, daß Newton von dem starken unterbewußten Verlangen beherrscht war, seinen Vater kennenzulernen. Sein Glaube lehrte ihn, daß Gottvater das Weltall hervorgebracht und dabei Hinweise über dessen Beschaffenheit und Bestimmung hinterlassen hatte. Sein ganzes Leben lang suchte Newton besessen auf den beiden einschlägigen Gebieten nach diesen Hinweisen: Er widmete dem Studium von Bibel und Religion ebensoviel Zeit wie dem der Wissenschaft. Bis an sein Lebensende war er fest davon überzeugt, daß sein religiöses Werk alle seine übrigen Leistungen überdauern werde. Die Tatsachen scheinen der Psychologie an Verrücktheit nicht nachzustehen.

Als Newton zehn Jahre alt war, starb der Reverend Barnabas Smith, und Isaacs Mutter kehrte als vergleichsweise wohlhabende Frau nach Woolsthorpe zurück. Newtons Gebete waren erhört worden. Es folgten zwei seltsam glückselige Jahre, gedämpft durch den Realitätssinn seiner Mutter und die Anwesenheit eines Halbbruders und zweier Halbschwestern. Da Isaac der Älteste war, scheint er die Stütze seiner Mutter Hannah gewesen zu sein. Noch vor Beginn der Pubertät war er in den Augen seiner Mutter bereits der »Familienvorstand«. Diese frühe mütterliche Anerkennung führte bei Newton zu großem Selbstvertrauen bei seiner wissenschaftlichen Arbeit. Als Mensch hingegen war er Ängsten ausgeliefert, die ihn bis an den Rand des Wahnsinns trieben.

Im Alter von zwölf Jahren wurde Isaac ins 16 Kilometer entfernte Grantham aufs Gymnasium geschickt. Er nahm ein Zimmer bei Mr. Clark, dem Apotheker, dessen Haus in der High Street neben der George Inn lag. Der Schulunterricht bestand hauptsächlich aus Latein und Altgriechisch. Die Mathamatik spielte bei der im wesentlichen mittelalterlichen Ausbildung noch keine Rolle. Newton, das ruhige, sensible Landkind, interessierte sich nicht für die alten Sprachen und wurde rasch Klassenletzter.

Nach Newtons eigenen Erinnerungen wachte er erst auf, als ihm einer der Schläger der Schule einen Tritt in den Bauch versetzte. Newton forderte ihn zum Zweikampf auf dem Kirchhof heraus. Conduitt, Newtons erster Biograph, beschreibt die Szene folgendermaßen: »Obwohl Isaac nicht so kräftig war wie sein Gegner, bewies er mehr Feuer und Entschlossenheit und schlug den anderen so lange, bis er sagte, er wolle nicht mehr weiterkämpfen …« Newton hatte endlich einen Anlaß gefunden, die in ihm angestaute fürchterliche Wut auf legitime Weise loszuwerden. Einmal geweckt, wurde sie unkontrollierbar und durch nichts mehr aufzuhalten. Newton beschränkte sich nicht darauf, seinem physisch überlegenen Gegner eine Tracht Prügel zu verpassen. Obendrein zerrte Isaac ihn an den Ohren und schlug ihn mit dem Gesicht gegen die Kirchenmauer. Doch selbst diese körperliche Demütigung war Newton nicht genug. Er wollte seinen Gegner auf jede nur erdenkliche Art besiegen. Folglich strengte er sich nun auch im Unterricht an und zeigte schon bald seine intellektuelle Überlegenheit.

So hat sich der Vorfall laut Newtons Erinnerung abgespielt, und es besteht kein Zweifel, daß die Dinge tatsächlich so oder ähnlich waren. Während seines ganzen Lebens bekam Newton immer wieder Anfälle zorniger Rachsucht: Dieser Ausbruch war nur der erste von vielen.

Nachdem Newtons Verstand erst einmal erwacht war, konnte ihn nichts mehr halten. Für die Leute von Grantham muß es ein wundersames Erlebnis gewesen sein, wie sich der kleine Träumer als Genie entpuppte. Und natürlich können sich alle daran entsinnen – im nachhinein. Wenn man den Erinnerungen glauben darf, die nach dem Tod des großen Sir Isaac Newton, Präsident der Royal Society und Direktor der Königlichen Münze, zusammengetragen wurden, zeigte bereits der junge Isaac alle Züge eines großen Genies. Er verblüffte seine Mitbürger mit kompliziert konstruierten Windmühlenmodellen, von ihm selbst gebastelten Wasseruhren, explodierenden Drachen, einer mausbetriebenen Kornmühle, einer faltbaren Papierlaterne, seiner Fähigkeit, die Uhrzeit nach dem Schatten zu bestimmen, und mit einem Notizbuch voller unverständlicher Diagramme. Zum Glück befindet sich dieses Notizbuch heute in der Pierpont Morgan Library in New York. Auf der Innenseite des Umschlags ist zu lesen, daß Newton es 1659 für zweieinhalb Pennies kaufte. Sein Inhalt bestätigt die scheinbar phantastischen Berichte der Bürger von Grantham. Auf seinen Seiten finden sich Diagramme des kopernikanischen Sonnensystems, Detailzeichnungen für die Anfertigung einer

Sonnenuhr und des Baus einer Modellwindmühle sowie astrologische Voraussagen von Sonnen- und Mondfinsternissen. Daraus werden zwei Dinge ersichtlich: Newtons Interessen gingen weit über den Schullehrplan hinaus, und sein Hauptaugenmerk galt der Wissenschaft und der Frage, wie die Dinge funktionieren.

All dies weist auf einen frühreifen, brillanten Autodidakten hin – ungewöhnlich, aber nicht einmalig. Bestimmt gab es ein Dutzend oder mehr ähnlicher Wunderkinder im ganzen Land. Und wie die meisten anderen schien auch Newton dazu verdammt, ein exzentrischer Provinzler zu werden. Im selben Jahr, als er seine Groschen für das Notizheft ausgab, rief seine Mutter ihn heim, den Hof zu übernehmen. Er war gerade siebzehn.

Doch dieses Mal herrschte zu Hause nicht eitel Freude und Sonnenschein. Newtons Phantasie beschäftigte sich mit noch viel faszinierenderen Dingen als Pyromanie, auch wenn er vielleicht ebenso verstört wie damals wirkte. Für Newtons plötzliche Besessenheit von der Wissenschaft werden jede Menge psychologischer Erklärungen bemüht. Von seinem Verlangen, die Hinweise des himmlischen Vaters zu entdecken, bis hin zu dem panischen Verlangen, in eine geordnete Welt, ohne seelische Ängste, zu entfliehen. Die vielschichtigen und oft widersprüchlichen Deutungen sind insofern nützlich, als sie uns daran erinnern, wie vielschichtig und oft widersprüchlich auch die einzigartige Größe ist, die zu beschreiben ist: Newtons Verstand. Nur eines steht mit

Sicherheit fest: Newtons Interesse an der Wissenschaft war wie eine Sucht, und diese Sucht sollte die nächsten 37 Jahre anhalten.

Als Landwirt war der 17jährige Newton überhaupt nicht zu gebrauchen. Sollte er die Schafe hüten, machte er es sich im Schatten eines Baumes bequem und las. Fuhr er nach Grantham auf den Markt, überließ er es dem Knecht, seine Erzeugnisse und das Vieh zu verkaufen, während er sich zu seinem ehemaligen Vermieter Mr. Clark absetzte, um noch ein paar Bücher zu holen. Ein Verwandter der Clarks hatte nämlich seine Bibliothek auf dem Speicher des Apothekers deponiert. Die Schafe machten sich über die Hügel davon, die Schweine zerwühlten die Maisfelder der Nachbarn, und die Zäune verfielen, bis sie einen Zustand erreichten, der schlechter war als erlaubt. Newton mußte vor Gericht erscheinen und wurde zu vier Schillingen und vier Pennies Strafe verurteilt. Die Summe entsprach dem Preis für ein gutes Paar Schuhe. Newtons Eintritt ins öffentliche Leben war ein Eintrag ins Strafregister.

Die Mutter war ratlos, das Leben daheim voll Spannungen. In einem »Sündenregister«, das Newton einige Jahre später verfaßte, steht unter anderem: »Streit mit meiner Mutter«, »Streit mit den Knechten«, »Weigerte mich, in den Garten zu gehen, wie meine Mutter befohlen hatte«, »Habe meine Schwester geschlagen«. Er wußte, wie die meisten jungen Leute, wozu er keine Lust hatte. Anders als die meisten wußte er aber genau, was er statt dessen tun wollte. Er verschlang weiterhin ein Buch nach dem anderen, baute Modelle, machte wissenschaftliche Experimente, rechnete und zeichnete Diagramme in sein Notizbuch.

Zum Glück erkannten zwei Menschen sein ungewöhnliches Talent. Der eine war John Stokes, sein Lehrer in Grantham, der andere sein Onkel mütterlicherseits, William Ayscough, Rektor der benachbarten Gemeinde Burton Coggles. William hatte zudem in Cambridge am Trinity College studiert. Gemeinsam gelang es den beiden, Newtons Mutter zu überreden, ihren Sohn erneut nach Grantham zur Schule zu schicken, damit Stokes ihn für die Aufnahmeprüfung am Trinity College vorbereiten konnte.

Newton wohnte wieder beim Apotheker Clark, dessen Bücher er weiterhin verschlang, sein Zimmer schmückte er nun obendrein mit allen möglichen Zeichnungen. Mr. Clarks Stieftochter behauptet, er habe während dieser Zeit romantische Gefühle für sie entwickelt. Sie war mehrere Jahre jünger als er, und die Romanze war wohl eher ein Produkt ihrer Phantasie, denn Frauen sollten in Newtons Leben keine Rolle spielen.

Im Juni 1661 ging er nach Cambridge, wo er vom Trinity College, dem prächtigsten und berühmtesten College der Universität, aufgenommen wurde. Akademisch war es auf dem besten Weg, sich seinem Aussehen zu nähern – hinkte aber noch immer hinter den großen europäischen Universitäten her, wie etwa der Sorbonne oder der Universität von Mailand. England hatte nicht nur eine politische Revolution hinter sich gebracht, es erlebte auch gerade einen einmaligen – von Europa noch unbemerkten – intellektuellen Umbruch. Sein Höhepunkt sollte das Werk Newtons werden, doch auch kleinere »Lichter« waren noch von beträchtlichem Format: Harvey, dessen Entdeckung der Blutzirkulation die moderne Medizin begründete; der große Astronom Halley, dessen Namen der gleichnamige Komet trägt; der scharfsinnigste politische Theoretiker seiner Zeit, Hobbes; der Philosoph Locke, dessen Empirismus den Lauf der Philosophie veränderte und dessen gesellschaftspolitische Ideen die Verfassung der Vereinigten Staaten von Amerika prägten; und Boyle, der Pionier auf dem Gebiet der Chemie.

Newton war achtzehn, als er sein Studium in Cambridge aufnahm, zwei Jahre älter als der durchschnittliche Anfänger. Er war viel ärmer als diese und wurde nur als Stipendiat aufgenommen, was ihn dazu verpflichtete, bei seinem Tutor Kammerdiener zu sein. Zum Glück ließ sich dieser nur fünf Wochen im Jahr dazu herab, seine Residenz in Cambridge aufzuschlagen, so daß Newton für den Rest des Jahres frei über seine Zeit verfügen konnte.

In jenen Tagen gab es wenig Zerstreuungen in Cambridge. Ein deutscher Reisender beschreibt das Dorf außerhalb der Universität als einen höchst trübseligen Ort. In den Dorfkneipen drängten sich die hübschen Dirnen und adeligen Prahlhänse – Newtons Kommilitonen, von denen sich weniger als ein Drittel die Mühe

machte, überhaupt einen akademischen Grad zu erwerben. Im Jahr vor Newtons Ankunft hatte Charles II. den Thron bestiegen. Auf die puritanischen Exzesse des Commonwealth folgten nun die auffälligeren Exzesse der Restauration. Doch Newtons Puritanismus wurde nicht vom politischen Klima beeinflußt. Mal packte ihn die Studierwut, dann arbeitete er bis zum Morgengrauen, mal saß er in seinem Zimmer und schrieb lange Listen seiner Sünden (von denen keine jemals an Liederlichkeit und Umgang mit Dirnen heranreichte).
Trotz der wachsenden intellektuellen Revolution in England war die Lehre an den Universitäten noch immer im scholastischen Denken des Mittelalters verwurzelt. Die Erde war das Zentrum des Universums, und sie bestand aus Erde, Luft, Feuer und Wasser. Diese »Elemente« spiegelten sich in den vier »Körpersäften«: Blut, Schleim, Galle und Schwarze Galle. Deren »Ausgewogenheit« bestimmte die Gesundheit. Und so weiter ... Eine unschlagbar kohärente Welt im Rahmen dieses Systems, dessen Unzulänglichkeit erst allmählich aufgezeigt wurde.
Die ersten Sprünge im aristokratischen Gedankengebäude zeigten sich zu Beginn des 16. Jahrhunderts. Der polnische Priester Kopernikus (1473–1543) stellte sein heliozentrisches Weltsystem vor. Der deutsche Astronom Kepler (1571–1630), der ab 1600 in Prag lebte, veröffentlichte die nach ihm benannten Gesetze zur Planetenbewegung. Der italienische Physiker Galilei (1564–1642) verkündete seine neue Lehre der Him-

melsmechanik, die auf Kopernikus gründete. Später wurde er von der katholischen Kirche gezwungen, seine Überzeugung zu widerrufen. Mittlerweile hatte Descartes' Philosophie des Zweifels gezeigt, daß die Lehre des Aristoteles, die Basis der damaligen kirchlichen Wissenschaftslehre, weder durch die Analyse noch durch die Wahrnehmung zu rechtfertigen war. Diese Wissenschaftspioniere gaben der englischen Geistesrevolution neue Impulse, und der Student Newton wurde schon bald von den neuen Entdeckungen beeinflußt.

Ebenso wichtig war, daß Newton die neue Mathematik erlernte, auf die sich die bisherigen Entdeckungen stützten und auf der alle zukünftigen aufbauten. Während des vergangenen Jahrhunderts hatten die Fortschritte in der Astronomie und Navigation neue, verfeinerte Methoden, die zu größerer Genauigkeit führten, erforderlich gemacht, und die Neuerungen in der Mathematik standen den übrigen wissenschaftlichen Fortschritten in nichts nach. Auch in der Mathematik tauchten die ersten Konturen einer zunehmend genaueren Struktur aus den mittelalterlichen Nebeln auf. 1585 schlug der flämische Beamte Stevin (1548–1620) die Einführung der Dezimalbrüche vor. Zu Beginn des 17. Jahrhunderts erfand der schottische Baron Napier den Logarithmus. In Frankreich erreichte die mathematische Revolution mit Descartes, Fermat und Pascal, den drei größten Mathematikern aller Zeiten, in der Mitte des 17. Jahrhunderts ihren Höhepunkt.

Während seiner Studienzeit befaßte sich Newton intensiv mit Descartes, doch wieviel er von Pascal und Fermat wußte, bleibt offen. Descartes hatte die nach ihm benannten kartesianischen Koordinaten erfunden: die drei Achsen, die es ermöglichten, jeden geometrischen Punkt (Linie, Kurve oder Form) genau im Raum darzustellen. Er führte die algebraische Bezeichnungsweise in der Geometrie ein, was diese von den Besonderheiten der Arithmetik befreite. Außerdem begründete er die analytische Geometrie. Eine Kurve konnte nun – wie im folgenden Koordinatenkreuz – als Gleichung dargestellt werden.

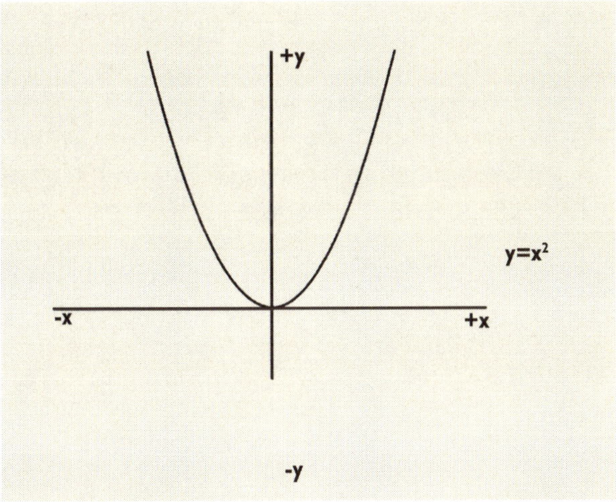

Noch entscheidender war, daß Descartes' Mathematik (und Philosophie) die Welt als einen riesigen, komplizierten mechanischen Apparat auffaßte. Nach Aristoteles hatte die Welt aus Eigenschaften (Erde, Luft, etc.) bestanden. Nach dieser neuen Sichtweise bestand sie nun aus – meßbaren – Quantitäten.

Newton begann damit, sich Aufzeichnungen in ein Notizbuch mit dem Titel ›Gewisse philosophische Fragen‹ (›Quaestiones quaedam Philosophicae‹) zu machen. Eine Überschrift lautete: »Mein bester Freund ist die Wahrheit.« Er greift Descartes' Annahme auf, daß die Wirklichkeit aus bewegten Materieteilchen bestehe und alle Naturphänomene durch deren Wechselwirkungen hervorgerufen werden. Der französische Wissenschaftler und Philosoph Gassendi belebte die alte griechische Vorstellung, daß diese letzten Teilchen einzelne, unzerstörbare Atome seien. Aus Newtons Aufzeichnungen geht hervor, daß er ebenfalls über die gleichzeitigen Forschungen des anglo-irischen Chemikers Boyle informiert war, dessen Experimente die Existenz grundlegender chemischer Elemente vermuten ließen.

Boyle legte das Fundament für Newtons zukünftige chemische Arbeiten, Newtons Interesse an der Chemie war allerdings nicht nach vorn gerichtet. Im 17. Jahrhundert begann die Chemie gerade erst, den faulen Zauber der Alchemie hinter sich zu lassen. Newton beschäftigte sich folglich auch mit den Werken der alchemistischen und magischen Tradition, die natürliche Phänomene mit metaphysischem Geschwafel erklären.

Es wäre schön, wenn man sich vorstellen dürfte, daß Newton den ganzen Unsinn als leichte Unterhaltung las, gewissermaßen als Ausgleich für die Anstrengungen seiner mathematischen und wissenschaftlichen Studien. Doch nichts dergleichen. Newton nahm die Alchemie vollkommen ernst, ähnlich wie sein obsessives Bibelstudium. Er hoffte, auch in der Alchemie auf Spuren seines Vaters zu treffen.

Für uns gewöhnliche Sterbliche scheinen die physikalische und die metaphysische Weltauffassung einander auszuschließen. Für Newton war das nicht der Fall. Es hat sogar den Anschein, als hätten die Widersprüche zwischen beiden sein Denken angeregt.

Doch Newtons Bemühungen führten nicht nur zu Narrengold. Nach drei Jahren Studium machte er bereits wichtige mathematische Entdeckungen, etwa den Binomischen Lehrsatz für Brüche. Galt der Binomische Lehrsatz bislang nur für ganze Hochzahlen, wie z. B.

$$(x+y)^2 = x^2 + 2xy + y^2$$

so dehnte Newton ihn auch auf Brüche aus und fand heraus, daß die Erweiterung zu einer unendlichen Reihe führt. Ein Beispiel mit einer einzigen Variablen ergibt:

$$(1+x)^{\frac{1}{2}} = 1 + \frac{1}{2}x - \frac{1}{8}x^2 + \frac{1}{16}x^3 + \ldots$$

und so weiter ad infinitum.

Newton erarbeitete eine allgemeine Regel für solche Erweiterungen. Wie wir sehen werden, war dies sein erster

Schritt zur größten mathematischen Entdeckung aller Zeiten, der Infinitesimalrechnung.

Seinen ersten Abschluß (Bachelor of Arts) machte Newton im Juni 1625. Professor Barrow, sein Prüfer, war von Newtons Fähigkeiten nicht beeindruckt. Newton kannte noch nicht einmal seinen Euklid. In der Tat hatte Newton den Lehrplan gründlich vernachlässigt. Nur war Professor Barrow entgangen, daß Newton bereits Descartes überflügelt hatte, der seinerseits Euklid weit hinter sich gelassen hatte. Newton war weitgehend Autodidakt, er arbeitete meist allein nach Büchern. Sein ganzes erstaunliches Werk war in seinen Notizbüchern enthalten, die außer ihm niemand sah. Trotz seiner Lükken durfte Newton weiterstudieren, um den akademischen Grad eines Masters zu erlangen. (Studenten, die tatsächlich lernten, waren offensichtlich eine solche Rarität, daß man sie der Universität erhalten mußte.)

Newton schien in der Einsamkeit aufzublühen, und die Ereignisse sorgten dafür, daß dies so blieb. Ende 1644 fand man zwei französische Matrosen in den Londoner Slums um Drury Lane, die an Beulenpest litten und im Sterben lagen. Die Krankheit breitete sich in Windeseile in der Stadt aus und forderte schließlich über 80 000 Tote. Von London aus verbreitete sie sich entlang der Postkutschenrouten und Viehtreiberpfade durchs ganze Land. Wer immer dazu in der Lage war, floh aus den Städten. Im August 1665 schloß auch die Universität Cambridge ihre Tore. Newton kehrte nach Woolsthorpe zurück, wo er sich etwa ein Jahr aufhielt.

Dieses Jahr wurde zu einem in der Wissenschaftsgeschichte einmaligen *annus mirabilis.* Als vergleichbares Jahr könnte allenfalls 1905 gelten, als Einstein die Spezielle Relativitätstheorie entdeckte, herausfand, daß das Licht aus Quanten besteht und eine molekulare Erklärung für die Brownsche Bewegung lieferte.
Newtons erster großer Durchbruch war die Entwicklung der Differential- und Integralrechnung. Die Tatsache, daß man eine algebraische Formel nun als Kurve darstellen konnte, bedeutete, daß man bestimmte algebraische Aufgabenstellungen geometrisch lösen konnte. Zum Beispiel ist das Verhältnis der Änderung von x gegenüber y für jeden gegebenen Wert (d. h. auf jedem gegebenen Punkt der Kurve) die Steigung der Tangente an die Kurve in diesem Punkt.

Es ist leicht, die Tangente an einen Kreis zu finden, aber wie finden wir die Tangente an einer beliebig verlaufenden Kurve? Das leistet die Infinitesimalrechnung, deren Grundlagen bereits von den alten Griechen entdeckt wurden.

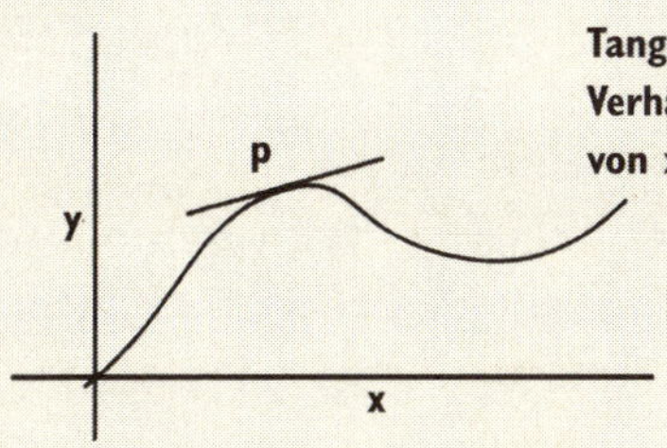

Tangente in p ist das Verhältnis der Änderung von x zu y

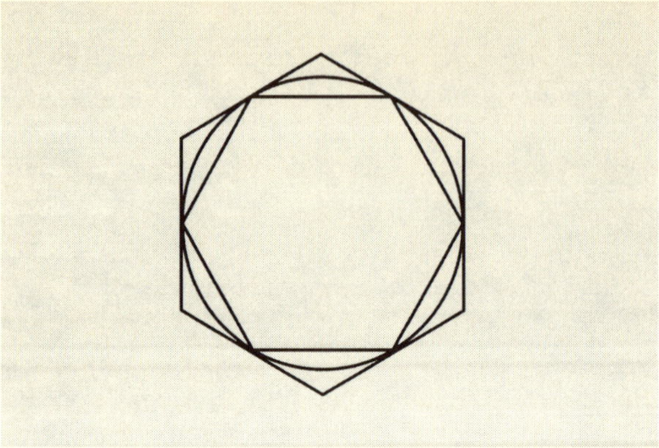

Um die Fläche eines Kreises zu berechnen, zeichnete Archimedes ein gleichseitiges Vieleck hinein, dessen Fläche er berechnen konnte. Indem er die Anzahl der Ecken erhöhte, vergrößerte er die Fläche des Vielecks und näherte sich dem oberen Grenzwert, der Fläche des Kreises. Gleichermaßen konnte er sich der Kreisfläche von außen nähern, indem er den Kreis mit einem gleichseitigen Vieleck umgab und wiederum die Eckenzahl erhöhte. Der Wert der Kreisfläche lag zwischen den beiden Ergebnissen.
Läßt man nun die Zahl der Ecken der beiden Vielecke gegen Unendlich gehen, so ergibt das die Fläche des Kreises. Dieses Prinzip kann auch auf die Tangente an eine Kurve angewendet werden.

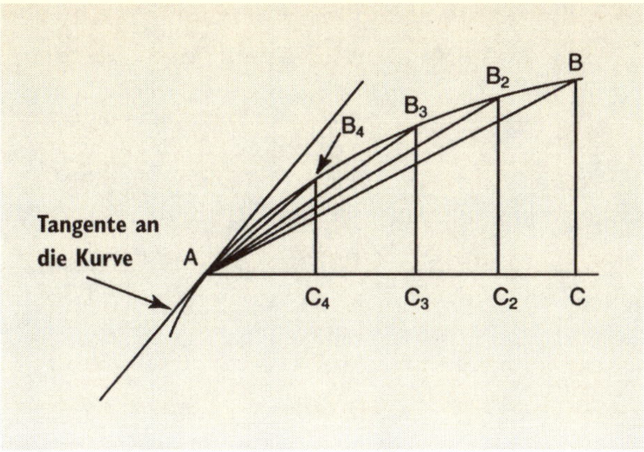

Läßt man die Entfernung zwischen A und B unendlich klein werden, d. h. gegen Null streben, so nähert sich die durch die dem rechtem Winkel gegenüberliegenden Seite AB verlaufende Gerade unendlich nah der Tangente. Dasselbe Prinzip ist zur Berechnung der Fläche unter einer Kurve anwendbar. Läßt man die Zahl der Rechtecke zwischen A und B gegen Unendlich gehen, nähert sich die Summe ihrer Flächen der Fläche unter der Kurve.

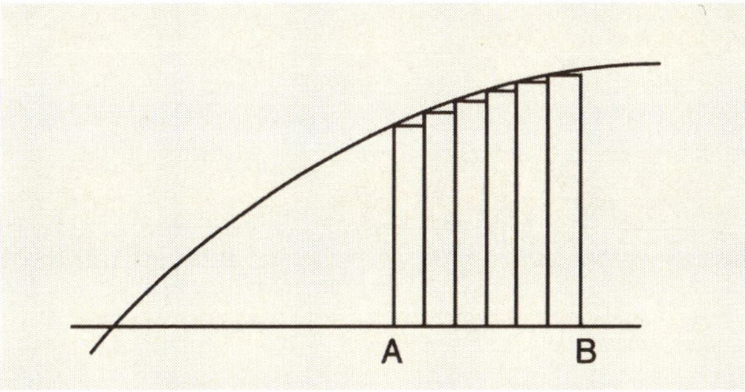

Auch dies war wieder eine Aufgabe mit einer unendlichen Reihe aus zwei Funktionen mit zwei Variablen – wie Newton sie bereits im Binomischen Lehrsatz abgehandelt hatte. Anfangs war man der Ansicht, die Berechnungen solcher Aufgaben erforderten konstante Summen unendlich kleiner Größe. Newtons große Entdeckung war, daß er statt dessen die Summen als veränderliche Größen behandelte. Bezeichnenderweise nannte Newton seine Methode ursprünglich »Fluxionen«, womit Fließen impliziert wird, nicht Infinitesimalrechnung, wie sie später benannt wurde. Seine Neuerung bestand somit darin, veränderliche Prozesse zu betrachten.

Newtons Methode, die Steigung der Tangente an einen Punkt einer Kurve zu finden, wird heute als Differentialrechnung bezeichnet. Sie findet auch in der Physik Anwendung.

So wird beispielsweise die Geschwindigkeit (v) eines Körpers in einem bestimmten Augenblick als die unendlich kleine Entfernung (ds) gesehen, die er in einer unendlich kurzen Zeit (dt) zurücklegt. Daher ist

$$v = \frac{ds}{dt}$$

Indem $dt \to 0$, erreicht v den Wert ihrer momentanen Geschwindigkeit im betrachteten Augenblick.

Zum Glück ergaben Newtons lange, schwierige und das Gehirn strapazierende Berechnungen schließlich eine leicht anwendbare Faustregel, auf die alle angehenden Mathematiker, die wissen, was zu tun ist, aber nicht wirklich wissen, was sie tun, zurückgreifen. Ganz einfach ausgedrückt, ergibt die Gleichung

$$y = x^n$$

$$\text{die Ableitung } \frac{dy}{dx} = n\,x^{n-1}$$

Man setze zum Beispiel $n = 2$. Somit lautet die Gleichung

$$y = x^2$$

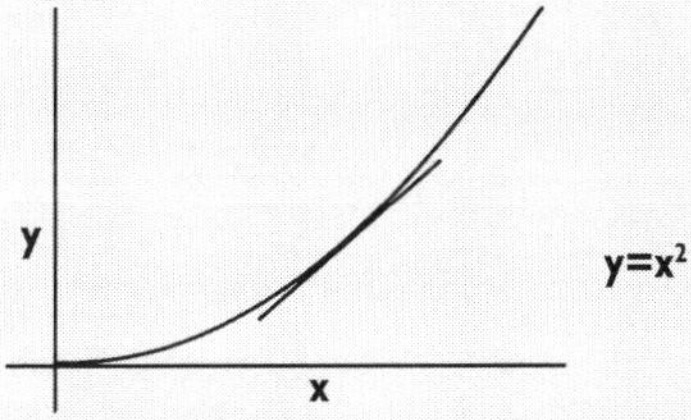

Die Steigung der Tangente beträgt in jedem Punkt

$$\frac{dy}{dx} \text{ gleich } 2x^{2-1} = 2x$$

Diese Methode der Differentialrechnung war ein wichtiges Hilfsmittel der neuen Mathematik, denn sie erleichterte die Berechnung einer Kurve. Von nun an konnte man in jedem Punkt einer Kurve die Steigung der Tangente errechnen. Um beispielsweise das Minimum oder Maximum der Kurve zu berechnen, mußte man lediglich die Punkte finden, in denen die Steigung

$$\frac{dy}{dx} = 0 \text{ war.}$$

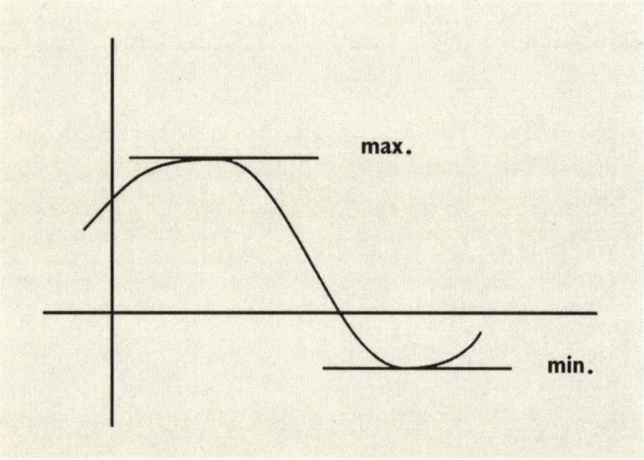

Newton dehnte dann seine Methode der Fluxionen auf die heute sogenannte Integralrechnung aus. Sie ist im wesentlichen die Umkehrung der Differentialrechnung und wird für die Berechnung der Fläche unter einer Kurve verwendet.

So kann etwa die Geschwindigkeit eines Punktes (v) als die unendlich kurze Entfernung beschrieben werden, die ds in dem unendlich kurzen Augenblick dt zurückgelegt hat. Somit ist

$$ds = v\,dt$$

Die meßbare Entfernung s, die der Punkt zwischen dem Zeitpunkt t_1 und t_2 zurücklegt, wird durch kontinuierliches Addieren seiner verschiedenen Geschwindigkeiten in diesen Zeitintervallen gefunden, was als Integration bezeichnet wird. Das wird folgendermaßen geschrieben:

$$s = \int_{t_2}^{t_1} v\,dt \quad \left(\int \text{ist das Zeichen für Integration}\right)$$

Sehr vereinfacht ausgedrückt muß man dafür die entgegengesetzte Methode zur Differenzierung anwenden. Für dieselbe Formel

$$y = x^n$$

$$\text{erhalten wir statt } \frac{dy}{dx} = n\,x^{n-1}$$

$$\text{für die Integration } \int x^n\,dx = \frac{x^{n+1}}{n+1}$$

Diese immens nützliche Methode kann dafür verwendet werden, die Fläche jeder Form, die von einer Kurve beschrieben wird, zu ermitteln. Sie kann auch für jede Aufgabe verwendet werden, wo kontinuierliches Addieren unendlich kleiner Veränderungen erforderlich ist.

In diesem Stadium befand sich Newtons Differential- und Integralrechnung noch in Kinderschuhen. Dennoch verfügte er damit bereits über eine Technik, die es ihm ermöglichte, 1665/66 sein großes Werk, die Entdeckung der Schwerkraft, zu vollbringen.

Newton wurde später gefragt, wie er auf diese und seine anderen epochalen Entdeckungen gekommen sei. Seine Antwort lautete, dadurch, daß er stets daran gedacht habe. Er habe den Gegenstand ständig vor Augen und warte, bis es aus den ersten Strahlen nach und nach richtig Licht werde. Über Newton und die Schwerkraft gibt es die berühmte Apfel-Anekdote. Zwar heißt es oft, sie sei reine Legende. Doch Stukely, einer von Newtons ersten Biographen, behauptet, Newton habe ihm gesagt, der Gedanke, es könne so etwas wie die Schwerkraft geben, sei ihm gekommen, als er in nachdenklicher Stimmung einen Apfel vom Baum fallen sah.

Es ist wichtig, die volle Bedeutung dessen zu verstehen, was Newton in diesem Augenblick erkannte. Was wußte er bereits? Was konnte er mit Hilfe seiner Gravitationstheorie erklären?

Hinter all seinen Überlegungen stand Kepler, der über zwanzig Jahre lang gewissenhaft Beobachtungen durchführte und endlose Berechnungen anstellte, bevor er seine drei Gesetze der Planetenbewegung aufstellte. Kepler veröffentlichte sie 1609. Das erste Gesetz lautete: Die Planeten bewegen sich in Ellipsen um die Sonne, und in einem ihrer Brennpunkte steht die Sonne. 2. Eine Verbindungslinie Sonne–Planet überstreicht in gleichen Zeiten gleiche Flächen. (Auf der Abbildung unten: Die Zeit, die Planet p von a nach b braucht, ist identisch mit der Zeit, die er von c nach d braucht, und die Fläche x entspricht der Fläche y.) 3. Die Quadrate der Umlaufzeiten der Planeten verhalten sich wie die Kuben ihrer mittleren Entfernung von der Sonne. (Auf der Abbildung: Wenn Planet p die Zeit t für eine Umrundung braucht und r der mittlere Radius dieser Bahn ist, dann entspricht $t^2 = r^3$.)

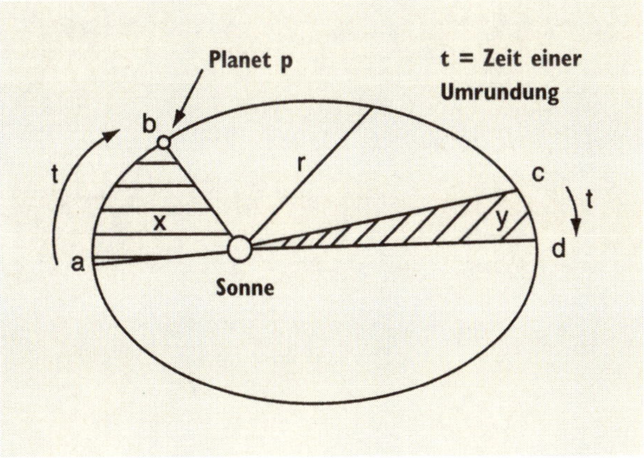

Inzwischen hatte Galilei durch Experimente, die er angeblich vom Schiefen Turm von Pisa aus durchführte, bestätigt, daß sich die Geschwindigkeit eines fallenden Körpers gleichmäßig beschleunigt. Er leitete auch eine Formel für die Parabel-Kurve eines Projektils ab.

Newtons geniale Tat bestand darin, Keplers Gesetze und Galileis Erkenntnisse zu verknüpfen. Die Schwerkraft war sowohl für den fallenden Apfel als auch dafür verantwortlich, daß der Mond um die Erde und die Planeten um die Sonne kreisten. Die auf der Erde gültigen Gesetze galten auch für die Himmelskörper. Das war eine gewaltige Eingebung. Mit einem Schritt waren wir nicht mehr nur in der Lage, die Erde, sondern das ganze Universum zu verstehen. Kepler hatte nur beschrieben, *was* sich abspielte, Newton erklärte, *warum* das so war.

Newton hielt seine Gedanken über zwanzig Jahre für sich. Dafür gibt es mehrere Gründe. Zuerst dachte er, die Schwerkraft gelte nur für die Erde. Später, als er außerirdische Körper in seine Überlegungen mit einbezog, gelang ihm der mathematische Nachweis nicht. Wie funktionierte die Schwerkraft der Erde wirklich? Zog sie den Mond von seiner Mitte oder von seiner Oberfläche oder von irgendwo dazwischen an? Dieses Problem konnte er erst lösen, nachdem er die Techniken seiner neuentwickelten Infinitesimalrechnung verfeinert hatte. Doch das waren nicht die einzigen Gründe für sein Schweigen.

Man hat Newton einen verschwiegenen Menschen genannt. Das trifft nicht ganz die Wahrheit. In Wirklichkeit konnte Newton, selbst in den unbedeutendsten Kleinigkeiten, keinen Widerspruch ertragen. Der konnte ihn nämlich zu einem seiner heftigen Wutausbrüche führen. Um den kritischen Fragen seiner Kollegen zu entgehen, zog er es deshalb vor, seine Entdekkungen erst mal für sich zu behalten.

Derlei psychologische Erklärungen beziehen sich natürlich nur auf Newtons Persönlichkeit. Diese könnte man mit einer Weltkarte vergleichen, deren Umrisse und Formen der Pracht und Vielfalt der Wirklichkeit jedoch keineswegs entsprechen. Die unglaublichen Eigenschaften von Newtons Verstand bleiben dabei völlig unerklärbar.

Während der zwanzig Jahre bis zur Veröffentlichung seiner Erkentnisse über die Schwerkraft arbeitete er seine ursprüngliche Erkenntnis zu einem umfassenden System aus. Er legte es schließlich in seinem Meisterwerk, den ›Principia‹, nieder. Hier ging Newton einen Schritt über die Ergebnisse von Kepler und Galilei hinaus.

Newtons erstes Bewegungsgesetz besagt, daß ein Körper im Zustand der gleichförmig geradlinien Bewegung oder der Ruhe verharrt, solange keine aktive Kraft auf ihn einwirkt. Also bewegen sich die Körper durch den Raum, weil nichts sie stoppt, nachdem sie einmal in Bewegung geraten sind. Zum erstenmal war die Bewegung der Himmelskörper erklärt, ohne daß ein göttlicher Jongleur oder schiebende Engel bemüht wurden. Es sollten allerdings weitere drei Jahrhunderte vergehen, bis die Urknalltheorie erklärte, wie es zur ursprünglichen Bewegung kam.

Newtons zweites Gesetz besagt, daß die Veränderung der Geschwindigkeit eines sich bewegenden Körpers proportional zur auf ihn ausgeübten Kraft ist. In anderen Worten, eine gleichmäßige Kraft auf einen ruhenden oder in gleichmäßiger Bewegung befindlichen Körper hat zur Folge, daß sich dieser beschleunigt. Galilei hatte dies bereits entdeckt, als er Gegenstände vom Schiefen Turm von Pisa warf. Die Anziehungskraft der Erde bewirkt, daß ein Gegenstand immer schneller fällt. Das gleiche trifft für den Mond zu, wenn er die Erde umkreist.

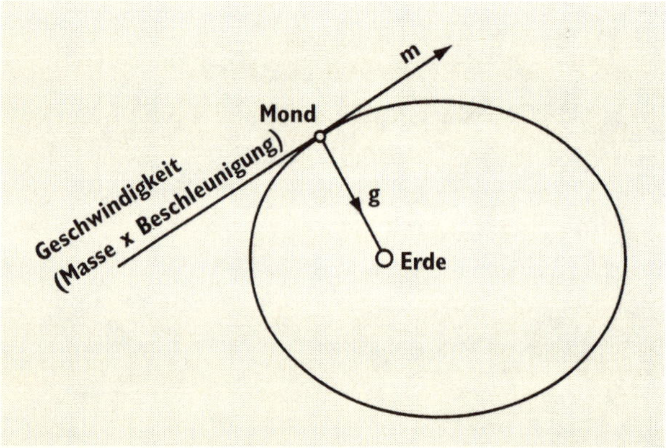

Die fortwährend wirksame Schwerkraft (g) bewirkt eine Beschleunigung des Mondes in Richtung Erde, doch der Antrieb des Mondes (Masse × Geschwindigkeit) bewirkt, daß er sich auf der Kraftlinie m bewegt. Das sich daraus ergebende Gleichgewicht der Kräfte hält ihn auf seiner Bahn. Um die hier wirksame Schwerkraft zu berechnen, mußte Newton das Verhältnis der Geschwindigkeitsveränderung des Mondes ermitteln. Da die Bahn des Mondes eine unregelmäßige Ellipse ist, mußte er die Geschwindigkeit eines Körpers berechnen, der eine Kurve beschreibt. Bei seinem ersten Lösungsversuch wendete Newton seine neuentdeckte Fluxionsrechnung an und entwickelte nach und nach die Differentialrechnung.

Newtons drittes Gesetz besagt, daß jeder Aktion eine gleich große und entgegengesetzt gerichtete Reaktion entspricht. Newtons Kraftbegriff in diesen Gesetzen revolutionierte die Wissenschaft. Er vereinte Descartes' neue mechanische Weltsicht mit der alten Tradition des Pythagoras, der behauptet hatte, die Welt bestehe letztendlich aus Zahlen. Die Verbindung von Mechanik und Mathematik erklärte nicht nur, wie die Welt funktionierte, sondern bedeutete auch, daß der Mensch genau berechnen konnte, was sich in ihr abspielte.

Mit Hilfe dieser drei fundamentalen Gesetze konnte Newton letztlich folgern, wie die Schwerkraft zwischen zwei Körpern wirksam wurde. Er zeigte, daß sie proportional zum Produkt der beiden Körpermassen ist und umgekehrt proportional zum Quadrat der Entfernung zwischen deren Mittelpunkten. Das drückte er in seiner berühmten Formel aus. (Sie war das $E = mc^2$ ihrer Zeit.)

$$F = \frac{m_1 m_2 G}{d^2}$$

Dabei ist F die Anziehung der Schwerkraft, m_1 und m_2 sind die Masse von Erde und Mond, d ist die Entfernung ihrer Mittelpunkte, G ist die Gravitationskonstante. Den Anstoß dazu bekam Newton durch die Möglichkeit der Beziehung im reziproken Quadrat – und das mag ihm sehr wohl beim Anblick des fallenden Apfels eingefallen sein. Newtons Erkenntnis erfolgte nicht blitzartig, doch dieser Anblick war der Beginn einer langen mathematischen Reise, die in seinem Gesetz von der Schwerkraft endete. Es sollte noch ein Jahrhundert dauern, bis es dem exzentrischen Physiker Cavendish gelang, den Wert für die Schwerkraftkonstante G zu bestimmen. Obwohl er diesen Wert nicht kannte, hielt Newton nichts davon ab, die tollsten Behauptungen über sein neues Gesetz von sich zu geben, wie etwa, es sei im ganzen Universum gültig. Das war natürlich nur eine Hypothese. Newtons Berechnungen stützten sich einzig und allein auf die Beobachtungen des Mondes und der damals bekannten Planeten. Doch Newton ließ keine Einwände gelten, sondern behauptete kühn: *Hypotheses non fingo* (Ich erfinde keine Hypothesen!).

Für uns ist schwer nachvollziehbar, auf welch wackeligen Füßen jenes Gesetz stand, das Newton ausdrücklich als allgemeines Gesetz der Schwerkraft bezeichnete. Eine der größten Erkenntnisse der Menschheit war in Wirklichkeit nicht viel mehr als eine Vorahnung

– eine höchst geniale Ahnung. Die folgende Bemerkung Whiteheads, eines Mathematikers und Philosophen des 20. Jahrhunderts, ist vielleicht eine nützliche Mahnung für uns alle: Das menschliche Wunschdenken, von einer gedanklichen Grundlage ausgehen zu wollen, die klar, eindeutig und sicher ist, zeige sich an Newtons Prahlerei *hypotheses non fingo*, als er gleichzeitig das Gesetz der allgemeinen Schwerkraft formulierte. Es besagt, daß jedes Materieteilchen jedes andere Materieteilchen anzieht, obwohl damals, als Newton das Gesetz verkündete, nur von Planeten und Himmelskörpern bekannt war, daß sie Materie anziehen.

Für Newtons Anspruch auf Allgemeingültigkeit seines Gesetzes mag es nur spärliche wissenschaftliche Beweise gegeben haben, doch mit der Schwerkraft ließen sich viele Beobachtungen und die Unregelmäßigkeiten planetarer Bewegungen erklären. Sie lieferte eine Begründung für die Keplerschen Gesetze und die Abweichungen der Umlaufbahnen von Mond und Planeten (die immer dann auftreten, wenn diese von der Schwerkraft eines anderen Planeten oder der Sonne beeinflußt werden).

Newtons kühne Vermutung veränderte die Welt. Fortan glaubten die Wissenschaftler daran, daß man alles, was sich im Weltall abspielt, mathematisch erklären kann; und an dieser Überzeugung halten sie bis heute fest. Sie ist der Eckpfeiler bei der Suche nach einer Theorie für alles, mit der das Funktionieren des Weltalls und all dessen, was es enthält, erklärt werden soll.

Die dritte Entdeckung von großer Tragweite, die Newton während seines *annus mirabilis* in Woolsthorpe machte, betraf das Licht. Bislang war man der Auffassung gewesen, das Licht sei eine Mischung aus Hell und Dunkel. Newton erkannte, daß diese These experimentell nicht haltbar war. Eine weiße, mit schwarz bedruckte Buchseite erschien aus der Ferne, wenn sich die beiden Farben mischten, nicht bunt, sondern grau.

Newton führte zu Hause in einem verdunkelten Zimmer eine Reihe Experimente mit Glasprismen durch. Ließ er durch einen Spalt zwischen den Vorhängen Licht fallen, so daß der weiße Strahl durch das Prisma fiel, wurde es vom Glas gebrochen. Verschiedene Teile des Strahls wurden verschieden gebrochen, und der Strahl tauchte in Farben gespalten auf. Diese Farben deckten sich mit denen des Regenbogens und erschienen auch in derselben Reihenfolge: rot, orange, gelb, grün, blau, indigo und violett.

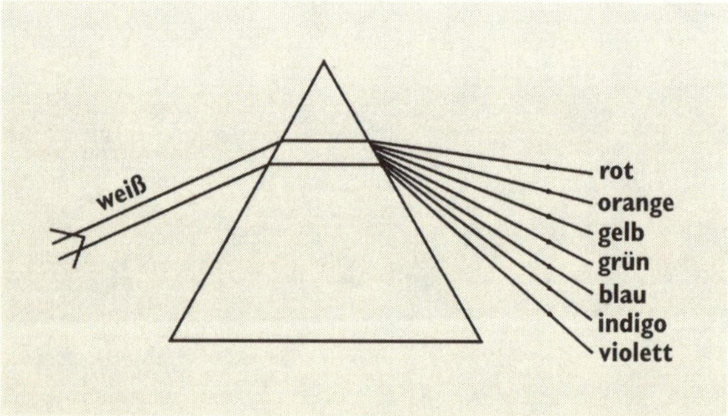

Wurden diese Farben irgendwie durch das transparente Glas des Prismas geschaffen? Newton ließ den Regenbogenstrahl nun durch ein umgekehrtes Prisma fallen. Das bunte Licht trat als ein einziger weißer Strahl an der anderen Seite aus.

Als nächstes versuchte Newton einen einzelnen Strahl gefärbten Lichts zu isolieren und durch ein Prisma zu schicken. Trotz der Brechnung kam er in derselben Farbe auf der anderen Seite heraus. Die Schlußfolgerung lag auf der Hand. Weißes Licht setzte sich aus einer Kombination der Spektralfarben zusammen.
Bei seiner Rückkehr nach Cambridge erregte die Vorführung seines Experimentes großes Aufsehen, und Newton wurde zum Fellow von Trinity College ernannt. Doch er blieb zurückhaltend, was seine anderen Entdeckungen anlangte. Sein Infinitesimalkalkül und seine Überlegungen zur Schwerkraft befanden sich noch in

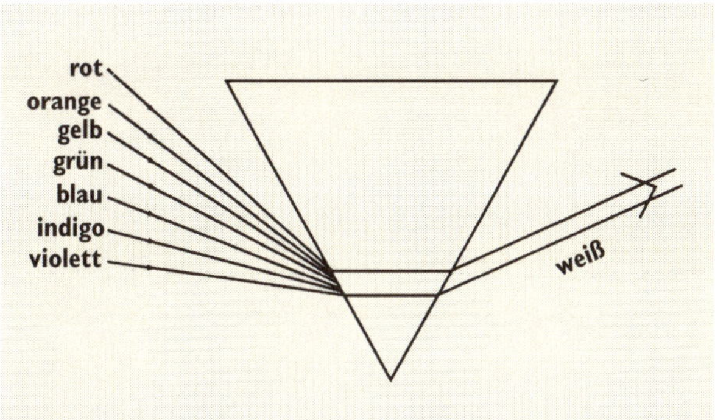

einem vorläufigen Stadium, und er verspürte keine Lust, darüber zu diskutieren. (Es hätte ja jemand die Kühnheit haben können, ihm zu widersprechen!) Eine Ausnahme machte er nur gegenüber seinem ehemaligen Tutor Barrow, dem Lukasischen Professor für Mathematik. Der Lehrstuhl war erst kürzlich geschaffen worden. Er war ein Beweis dafür, daß sich Cambridge aus der scholastischen Tradition löste und aus der Umklammerung der toten Lehre des Aristoteles befreite. Der gegenwärtige Inhaber des Lehrstuhls ist Stephen Hawking, der vor allem durch sein Buch ›Eine kurze Geschichte der Zeit‹ bekannt wurde.

Barrow war ein außergewöhnlicher Mann, in vieler Hinsicht das Gegenteil Newtons. Kein typischer Mathematiker, sondern ein liebenswürdiger Mensch von gutem Aussehen. Er boxte gern und war bis nach Konstantinopel gereist, wo er einen Ringkampf-Wettbewerb gewann. Barrow hatte zwei Eigenschaften, die Newton zusagten: Er war zutiefst religiös und ein guter Mathematiker. Ohne Zweifel halfen Barrows Kenntnisse über den neuesten Stand der Mathematik Newton bei der Entwicklung seiner Differential- und Integralrechnung.

Vaterfiguren übten auf Newton keine Anziehung aus, was für einen jungen Mann in seiner Lage ungewöhnlich war. Isaac Barrow, sein Vorname erinnerte an Newtons Vater, scheint für eine kurze Zeit eine Ausnahme gewesen zu sein. Endlich hatte Newton jemanden gefunden, den er bewundern konnte. Wie Newton arbeitete Barrow viele Stunden am Tag und brauchte wenig Schlaf. Newton muß auch aufgefallen sein, daß der zerstreute Barrow ebenso mit sich selbst beschäftigt zu sein schien wie er selbst. Ein Zeitgenosse Barrows beschreibt diesen als äußerst nachlässig in seiner Kleidung, als einen Gelehrten, wie er im Buche stehe. Newton bot wohl einen ähnlichen Anblick: schiefgetretene Absätze, die Strümpfe nicht gebunden, den Talar übergeworfen, ungepflegtes Haar. Der Professor und sein 24jähriger Kollege müssen inmitten der perückengeschmückten Restaurationsgecken ein feines Paar abgegeben haben.

Barrow scheint als einziger in Cambridge die wahrhaft einzigartigen Fähigkeiten Newtons erkannt zu haben. Außerhalb der Universität hatte natürlich noch nie jemand von ihm gehört. Und doch hatte Newton mittlerweile Entdeckungen gemacht, die ihm den Rang des besten zeitgenössischen Wissenschaftlers oder Mathematikers gesichert hätten.

Barrow behandelte Newton angeblich wie einen Sohn und machte ihm sogar Geburtstagsgeschenke. Newton fühlte sich zwar zu ihm hingezogen, war aber auf der Hut. Nach der Erfahrung mit seiner Mutter trat er den wenigen, denen es gelang, seinen Panzer zu durchdringen, äußerst skeptisch gegenüber.

1669 gab Barrow sein Amt auf. Er trug Sorge, daß Newton an seiner Stelle zum Lukasischen Professor ernannt wurde. Man erwartete vom Lukasischen Professor, daß er Geistlicher wurde, aber Barrow setzte sich dafür ein, daß Newton nicht in den Dienst der Kirche treten mußte. Das könnte ein Hinweis darauf sein, daß Barrow zumindest bis zu einem gewissen Grad über Newtons weniger orthodoxe Forschungen informiert war.

Parallel zu seiner wissenschaftlichen Arbeit hatte Newton auch in seinem Bibelstudium erstaunliche Fortschritte gemacht. Seine Lektüre der Originalfassungen des Neuen Testaments hatten in ihm die Überzeugung wachsen lassen, daß sie von späteren Übersetzern und Kommentatoren nach deren Gutdünken verfälscht worden waren. Die Dreifaltigkeit (Vater, Sohn und Heiliger Geist) war ein Betrug, der Christenheit von intrigierenden Abweichlern untergeschoben. Christus war gar nicht göttlich gewesen, und wir sollten besser direkt zu Gott, dem Vater, beten.

Solche Überzeugungen waren 325 n. Chr. vom Konzil von Nizäa für ketzerisch erklärt worden. Auch im Trinity College hätte man die Neuigkeit, daß man nach einem theologischen Phantom benannt war, nicht gerade mit Begeisterung aufgenommen. Doch das schreckte Newton nicht ab. Allerdings vertraute er seine Entdekkung wie immer nur seinem Notizbuch an.

In diesem speziellen Fall war seine Geheimniskrämerei wohlüberlegt. Die Religion spielte im England des 17. Jahrhunderts eine wichtige Rolle. Der Bürgerkrieg, die Ketzerverfolgungen, die Angst vor dem Katholizismus und die Abscheu vor dem Puritanismus hatten eine explosive Mischung von Vorurteilen erzeugt. Verständlicherweise hatte Newton eine Heidenangst davor, als Ketzer entlarvt zu werden; und diese Angst verfolgte ihn bis ans Ende seiner Tage. Doch sein tiefer Glaube an Gott, in Verbindung mit seinem unbewußten Bedürfnis, direkt mit Gottvater in Verbindung zu treten, hatte zur Folge, daß Newton sich nicht zurückhalten konnte. Sein Drang nach der Wahrheit war in religiösen Dingen ebenso stark wie in der Wissenschaft – denn auch hier suchte er nach den Spuren Gottes.

Und als hätte all dies noch nicht gereicht, setzte Newton auch seine alchemistischen Forschungen fort. Der Lukasische Professor ließ sich sogar im Garten seines Colleges einen Brennofen für seine Experimente bauen. Seinen Vorgesetzten gegenüber wird er wahrscheinlich so getan haben, als ginge es um Chemie. Doch bereits ein kurzer Blick in Newtons Notizbücher macht deutlich, daß er versuchte, unedle Metalle in Gold zu verwandeln.

So unglaublich es klingt, der beste Wissenschaftler seiner Zeit war auch einer ihrer führenden Hexer. Lord Keynes, bedeutender Wirtschaftswissenschaftler des 20. Jahrhunderts, ist der Meinung, Newton sei weit davon entfernt gewesen, der erste Repräsentant der Aufklärung, ein moderner Mensch des neuen wissenschaftlichen Zeitalters, zu sein. Vielmehr sei er der letzte große Renaissance-Magier gewesen, »das letzte Wunderkind, das die alten Magier aufrichtig und ehrlichen Herzens hätten verehren können«.

Verschwendete Newton wirklich seine Zeit (und sein

großes Talent) mit Humbug? Keynes jedenfalls räumte Newtons alchemistischen Experimenten keinerlei wissenschaftlichen Wert ein.

Doch so ganz trifft das nicht zu. Auch wenn es unwahrscheinlich ist, daß der nächste Einstein aus dem Kreis der Zauberer hervorgehen wird, kann man nicht leugnen, daß die Alchemie eine bedeutende Rolle bei der Formung von Newtons wissenschaftlichen Ideen spielte. Für diese Behauptung liegen zwingende Beweise vor. Wie wir gesehen haben, hatte Descartes einige Jahrzehnte zuvor eine rein mechanistische Erklärung der Welt propagiert. Doch im Verlauf der wissenschaftlichen Revolution kam etlichen jungen britischen Wissenschaftlern der Verdacht, daß die Welt komplizierter sei als das Innere einer Uhr. Nach Ansicht des Chemikers Boyle (der nebenbei auch ein eifriger Alchemist war) reichte die Mechanik nicht länger aus, um gewisse chemische und biologische Phänomene zu erklären.

Newton kam auf den Gedanken, daß solche Vorgänge vom Wirken eines aktiven Prinzips herrühren, das Descartes' mechanisches Trägheitsprinzip ergänzt. Dieses aktive Prinzip entspringe okkulten Eigenschaften, die nicht zu entdecken und unangreifbar seien. Nun war es nur noch ein kleiner Schritt bis zum Begriff Kraft, der die Wissenschaft revolutionierte. Für uns vielleicht kaum nachvollziehbar, gründete die zentrale, revolutionäre Idee von Newtons Bewegungsgesetz in der Magie. Wie Leonardo da Vinci, der andere große Magier der

Renaissance, sagte, birgt die Welt mehr, als der Mensch je verstehen wird.

Newtons alchemistische Betätigungen halfen ihm auch auf andere Weise. Sie mögen zwar zu keinen vorweisbaren Ergebnissen geführt haben (das heißt, nicht zu Gold), doch die Methoden, die Newton anwandte, setzten eine große Findigkeit voraus, nicht zuletzt bei der Versuchsanordnung. Einen Großteil dieser experimentellen Erfahrung übernahm die in den Kinderschuhen steckende Chemie, was ihr zu einem hervorragenden Start verhalf. Seine praktische Begabung hatte Newton bereits während seiner Jugend in Grantham unter Beweis gestellt, doch solange er in Cambridge und Woolsthorpe mit seinen mathematischen Untersuchungen beschäftigt war, hatte er wenig Gelegenheit, sein handwerkliches Talent zu nutzen. Ohne sein Interesse für die Alchemie hätte er vielleicht ganz auf experimentelle Arbeit verzichtet. Doch so wurde er immer geschickter und suchte selbstsicher nach praktischen Lösungen. Das berühmteste Beispiel ist sein eigenhändig gebautes Teleskop.

Licht, das durch ein Prisma fällt, wird in die Spektralfarben zerlegt. Ein ähnlicher Nebeneffekt zeigt sich bei Linsen; sie produzieren Bilder mit bunten Rändern. Das wirkte sich bei den immer größer werdenden Teleskopen der Astronomen sehr nachteilig aus. (Die Astronomie war die Kernphysik des 16. und 17. Jahrhunderts und eröffnete ein neues wissenschaftliches Zeitalter.) Zu Beginn des 17. Jahrhunderts wurden Teleskope von über 60 Meter Höhe gebaut, doch die Vergrößerungen, die sie lieferten, zeigten immer mehr jene Farbinterferenzen, die als »chromatische Abweichungen« bekannt sind. Die Teleskope schienen die Grenze ihrer Leistungsfähigkeit erreicht zu haben, und damit war weiteren astronomischen Entdeckungen ein Ende gesetzt.

Zuerst versuchte Newton, das Problem mit anders geformten Linsen zu lösen, aber ohne Erfolg. Wieder einmal beschäftigte er sich Tag und Nacht mit seinem Problem, bis er schließlich die Lösung vor sich sah – ein Geniestreich, so einfach und wirkungsvoll, daß er das Teleskop für immer veränderte. Statt das letzte Bild durch eine Linse zu bündeln, bediente er sich dafür eines Parabolspiegels.

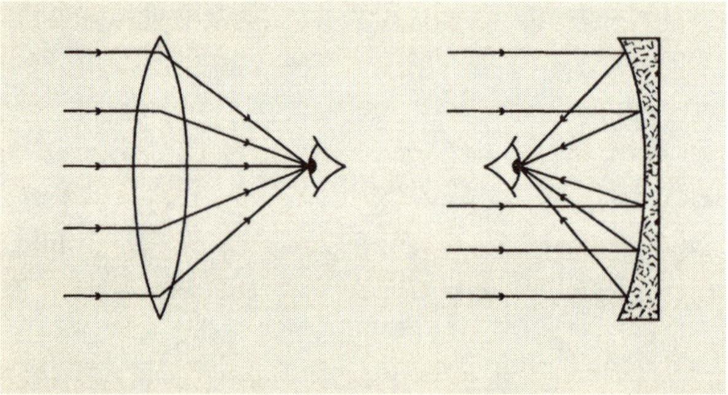

Die Spiegelung beseitigte die chromatische Abweichung, weil das Licht nicht das Glas durchdringen mußte, sondern reflektiert wurde. Diese Methode hatte noch einen zweiten Vorteil. Da das Licht nicht durch Glas hindurch mußte, wurde nichts davon absorbiert. Das war wichtig für die Beobachtung kleiner, weit entfernter Himmelskörper wie etwa der Monde des Jupiter, die nur geringe Lichtmengen reflektieren. Newtons Erfindung verkleinerte die Teleskope beträchtlich. Sein erstes Gerät war nur etwa fünfzehn Zentimeter lang und zweieinhalb Zentimeter im Durchmesser, und doch hatte es eine dreißigfache Vergrößerung. Newton baute das Teleskop ganz allein. Er ging sogar so weit, sein eigenes Werkzeug zur Herstellung bestimmter Teile anzufertigen. Bis auf den heutigen Tag werden die stärksten Teleskope nach Newtons Prinzip mit reflektierenden Schüsseln gebaut.

Als Lukasischer Professor der Mathematik mußte Newton in jedem Trimester einige wenige Vorlesungen halten. Vorbereitung und Vortrag waren gleichermaßen schlecht. Newton sprach nicht gern in der Öffentlichkeit. Außerdem redete er lieber über seine Forschungen als über seine Ergebnisse. So war seine praktische Vorführung der Lichtbrechung klar und spannend, doch dann nebelte er seine Zuhörer mit abstrusen Spekulationen und Theorien ein, bis er schließlich vor einem leeren Hörsaal allein vor sich hin murmelte.

Das änderte sich schlagartig, als er 1668 sein neues Teleskop vorstellte. Newton war so stolz auf seine Bastelei, daß er der Versuchung, damit anzugeben, nicht widerstehen konnte. Die Nachricht breitete sich in ganz

Cambridge und Umgebung aus. Die Royal Society in London hörte von dem Wunderinstrument und wollte es sehen. Mittlerweile hatte Newton ein zweites Exemplar von zweiundzwanzig Zentimeter Länge und fünf Zentimeter Durchmesser gebaut. 1671 brachte Barrow es für ihn nach London. Es war solch eine Sensation, daß man es Charles II. vorführte. Newton wurde in die 1660 gegründete Royal Society aufgenommen, die mittlerweile zur führenden wissenschaftlichen Gesellschaft in Europa geworden war. Endlich lernte Newton die besten Köpfe der britischen Wissenschaftsrevolution persönlich kennen.

Von dieser Ehre ermutigt, gab Newton nach einiger Überredung einen Teil seiner Geheimnisse preis. 1672 sandte er der Royal Society eine Arbeit über die Optik, in der er seine Theorie des Lichts und der Farben darlegte. Vom Sekretär der Royal Society wissen wir, daß Newtons Abhandlung mit großer Aufmerksamkeit und ungewöhnlich starkem Applaus begrüßt wurde, dennoch erhoben einige Mitglieder Einwände. Darunter befand sich der Querkopf Hooke, einer der wenigen Wissenschaftler, der Newton intellektuell gewachsen war. Hooke war ein genialer Experimentator, doch es gelang ihm selten, seine Ideen umzusetzen. So stellte er eine erste, schlecht durchdachte Wellentheorie des Lichts vor, und er nahm die Idee der Dampfmaschine vorweg – jedoch in einer undurchführbaren Form. Seine Pionierarbeiten auf dem Gebiet der Mikroskopie führten ihn dazu, den Begriff Zelle zu prägen, nur daß er ihn falsch anwandte. Auch mit Prismen hatte Hooke Versuche durchgeführt, doch das Ergebnis war nur eine weitere seiner typischen, verrückten Theorien. Hooke war eine führende Persönlichkeit in der Royal Society, und seiner Ansicht nach war die Optik seine Domäne. Er verfaßte eine herablassende Kritik über Newtons Arbeit, in der er dessen Ergebnisse verächtlich abtat. Es kam zu einem Briefwechsel. Nachdem Newton eine zweite Arbeit veröffentlicht hatte, in der er seine Ergebnisse näher ausführte, beschuldigte ihn Hooke des Plagiats.

Selbst in Hochform vertrug Newton keine Kritik. Hookes Beschuldigungen brachten ihn so sehr auf, daß er sich nicht mehr beherrschen konnte. Seine Wut war grenzenlos. Er erklärte Hooke zu seinem Erzfeind – und Hooke war nur allzu bereit, in diese Rolle zu schlüpfen. Bei Newton handelte es sich jedoch nicht um eine vorübergehende Verärgerung. Der Streit warf ihn so sehr aus der Bahn, daß seine Arbeit über zwei Jahre lang darunter litt. Er reichte seinen Rücktritt bei der Royal Society ein (eine unerhörte Tat, die glücklicherweise nicht angenommen wurde) und schwor, nie wieder einen wissenschaftlichen Beitrag zu veröffentlichen.

Doch das war nicht das Ende der Kontroverse. Newton verwickelte sich in einen Briefwechsel mit englischen Jesuiten in Lüttich, die Fragen zu seinem ursprünglichen Prismenexperiment hatten. Sie seien bei ihren Experimenten nicht zu den gleichen Ergebnissen wie Newton gekommen. Dieser Briefwechsel zog sich über

Jahre hin. Am Ende bezweifelten die Jesuiten Newtons Resultate, was den aufgebrachten Newton dazu brachte, deren Dummheit für Intrigantentum zu halten. Rasend vor Wut schwor er, sich gänzlich von der Wissenschaft abzuwenden. Die Folge war ein völliger Nervenzusammenbruch.

Während er sich erholte, stand er zu seinem Wort, unterbrach seine Forschungen und vergrub sich in biblische und alchemistische Studien, frei nach dem Motto: Die Dreifaltigkeit ist ein Schwindel und stützt sich nur auf Dokumente, die der heilige Athanasius im 4. Jahrhundert gefälscht hat. Wenn man metallisches Antimon und Kupfer verwende, sei es möglich, mit Hilfe der Magie jenen Hermaphroditen zu erzeugen, der als der Reine bekannt ist und der aus dem männlichen Samen des Mars und dem weiblichen Prinzip der Venus besteht. Und so weiter. Newtons Bibliothek enthielt allein zur Alchemie über 140 Werke. Einer seiner Biographen schreibt, Newton habe eine halbe Million wertloser Wörter über die Chemie geschrieben.

Im November 1679 starb Newtons Mutter. Sie ließ ihn zum allerletzten Mal im Stich: Nun war er endgültig allein. Freud bemerkte als erster, daß große Wissenschaftler oft nach einem bedeutenden Verlust zu ihren bahnbrechenden Erkenntnissen gelangen. Newton war keine Ausnahme. Als Folge seiner okkulten Vorstellungen von Anziehung und Abstoßung hatte er die Idee der Kräfte entwickelt, hatte sie aber bisher nur auf irdische Phänomene angewandt. Da erhielt er einen Brief von Hooke, mit dem dieser ihre Differenzen beilegen wollte. Hooke berichtete Newton von seiner Untersuchung der Planetenbewegung einschließlich seines Gedankens, die elliptische Form der Planetenbahnen könne aus einer Kraft hergeleitet werden, die mit dem Quadrat des Abstands von der Sonne abnimmt. Hooke ahnte nicht, daß Newton bereits vor zehn Jahren die mathematischen Grundlagen für ein solches Gesetz ausgearbeitet hatte.

Newton ließ sich nicht auf einen längeren Briefwechsel mit Hooke ein. Später gab er jedoch zu, Hookes Brief habe ihn dazu veranlaßt, sein eigenes Gesetz – das mathematisch fest auf Keplers drittem Gesetz gründete – auf die elliptischen Umlaufbahnen der Planeten anzuwenden. Dadurch gelangte Newton zu seiner größten Erkenntnis: Die Kraft, die er bisher nur auf irdische Phänomene bezogen hatte, galt auch für die Himmelsmechanik.

Newton stand nun kurz vor der Entdeckung der allgemeinen Schwerkraft. Es sollten aber noch fünf Jahre ins Land gehen, bis der Groschen fiel. Der Anstoß dazu kam wieder einmal von seinem Intimfeind Hooke.

1684 brüstete sich der verhaßte Hooke dem Astronomen Halley gegenüber, die Planetenbewegung sei geklärt. Er selbst habe ein Gesetz erarbeitet, das die Bewegung der Himmelskörper beschreibe. Es gelang Hooke jedoch nicht, Halley zu überzeugen, weil er seine Idee nicht mathematisch untermauern konnte.

Halley beschloß deshalb, Newton zu Rate zu ziehen. Dieser erzählte ihm, vor einigen Jahren eine Theorie der

Planetenbewegung entwickelt und mathematisch überprüft zu haben. Es gelang Halley, Newton zu überreden, seine Gedanken schriftlich niederzulegen. Newton machte sich prompt an die Arbeit und schrieb das Werk ›De motu corporum in gyrum‹. Sieben Monate später hielt Halley es in Händen.

Zutiefst beeindruckt machte Halley sich erneut auf den Weg nach Cambridge. Bei diesem Besuch stellte er fest, daß Newton einen ganzen Schatz an unveröffentlichten Arbeiten hortete. Halleys Vater war kurz zuvor Opfer eines Mordes geworden, und sein Sohn hatte sein Vermögen geerbt. Halley erklärte sich bereit, die Veröffentlichung der Arbeiten Newtons zu finanzieren.

Mittlerweile hatte die Niederschrift von ›De motu‹ Newton dazu gebracht, seine ursprünglichen Ideen von der Planetenbewegung weiterzuentwickeln, und er hatte endlich seine Vorstellung von der allgemeinen Schwerkraft formuliert. In seiner Begeisterung stimmte er Halleys Vorhaben zu und machte sich daran, die notwendigen Berechnungen durchzuführen.

Zweieinhalb Jahre vergrub sich Newton, um jenes Werk hervorzubringen, das sein Glanzstück werden sollte: ›Philosophiae naturalis principia mathematica‹ (dt. ›Mathematische Prinzipien der Naturlehre‹). Heute gehört dieses Buch, das meist einfach die ›Principia‹ genannt wird, zu dem Besten, was die Wissenschaft jemals hervorgebracht hat.

In Übereinstimmung mit dem zu Newtons Zeiten noch immer herrschenden mittelalterlichen Brauch sind die

›Principia‹ in Latein geschrieben, der damaligen internationalen Sprache. Der Titel erklärt sich aus der Tatsache, daß in jenen Tagen die Wissenschaft noch als ein Zweig der Philosophie angesehen und als Naturphilosophie bezeichnet wurde. Doch Newtons revolutionäres Werk wirkte sich tatsächlich bis in die Philosophie aus. Nach ihm konnte kein Philosoph die neue, auf das Experiment gestützte Kosmologie ignorieren. Es war einfach nicht länger möglich, die Welt zu erklären, indem man über sie nachdachte und abstrakte Prinzipien aufstellte. Die konkrete Erfahrung mußte berücksichtigt werden. Vor allem unter dem Einfluß von Newtons wissenschaftlichen Entdeckungen begründete der Philosoph Locke den Empirismus, der besagt, daß unser Wissen grundsätzlich auf der Erfahrung beruhe, und legte damit das Fundament für die moderne Philosophie. Newtons ›Principia‹ sollte unser ganzes Weltbild revolutionieren.

Die ›Prinzipia‹ galten auch als eine der wegweisenden Schriften der Aufklärung. Der Glaube an die rationalen Fähigkeiten des Menschen begann sich auszubreiten. Die Wissenschaft hatte gezeigt, daß die Welt nach grundsätzlichen, mit dem Verstand erfaßbaren Prinzipien aufgebaut war. Der Erkenntnis waren keine Grenzen gesetzt; die Wissenschaft hielt den Schlüssel zum Leben und zum Universum in der Hand.

Paradoxerweise war dieses modernste aller Bücher in der lateinischen Sprache und im Stil der alten Griechen geschrieben. Seine drei Bewegungsgesetze und das Gravitationsgesetz mochten die Pfeiler der modernen Wissenschaft sein, aber abgefaßt und bewiesen wurden sie in der Sprache der alten Geometrie, deren sich 2000 Jahre zuvor schon Euklid bedient hatte. Newton war sich darüber im klaren, daß er ein klassisches Werk schrieb, und er wollte es im klassischen Stil verfassen. Es wäre viel leichter und sinnvoller für ihn gewesen, seine Neuentdeckung, die Differential- und Integralrechnung, zu verwenden. Doch er zog es vor, seine neue Methode, die eines Tages die Mathematik revolutionieren sollte, geheimzuhalten. (In den ›Principia‹ wird sie nur angerissen, was, wie wir sehen werden, später immens wichtig wurde.)

Das Manuskript der ›Principia‹ ging erst an die Royal Society, deren Kurator nun Hooke war. Kaum hatte dieser Newtons Arbeit gelesen, bezichtigte er ihn des Plagiats. Er habe Newton sechs Jahre zuvor sein Gesetz von der umgekehrten quadratischen Proportionalität mitgeteilt. Newton habe seine Arbeit auf gestohlenem geistigen Eigentum aufgebaut.

Die Folgen dieser Anschuldigung waren vorhersehbar. Newton war nicht in der Lage, seinen Zorn zu beherrschen. Das Gesetz von der umgekehrten quadratischen Proportionalität sei von ihm entdeckt worden, und er habe es mathematisch bewiesen, und zwar zehn Jahre bevor Hooke ihm jenen Brief geschrieben habe. Das Problem war nur, daß er seine Entdeckung für sich behalten hatte. Halley appellierte an Newtons Einsicht. Hooke sei krank und habe sich durch sein ungehobeltes

Wesen an den Rand des Ruins gebracht. Hooke wolle nicht mehr als eine Anerkennung, eine kleine Erwähnung als Geste in den ›Principia‹ koste Newton doch nichts.

Doch Halley hatte Newton falsch eingeschätzt. Newton war nicht großzügig, sondern schäumte vor Wut. Statt die von Halley angeregte Erwähnung einzufügen, tilgte Newton nun rachsüchtig jegliche Hinweise auf seinen Erzfeind. Im Eifer des Gefechts vergaß er allerdings einige. Newton war sogar so nachtragend, daß er sich weigerte, ein Amt in der Royal Society zu bekleiden, solange Hooke deren Kurator war. Außerdem durfte die Royal Society keines seiner Werke mehr publizieren. Er hielt alle seine Manuskripte zurück. Hooke blieb noch 17 Jahre Kurator, und erst sein Tod im Jahre 1703 beendete die unglückliche Affäre.

Als Newtons ›Principia‹ schließlich 1687 veröffentlicht wurden, verursachten sie eine Sensation. Newton wurde international berühmt. Auch wenn seine Idee von der Kraft auf dem europäischen Festland nicht auf allgemeine Zustimmung stieß, galt er bei den führenden Wissenschaftlern seiner Zeit bald als der würdige Nachfolger von Galilei und Descartes.

Zwischenzeitlich hatte James II. eine Kampagne gegen Cambridge eröffnet, deren Ziel es war, aus der Universität eine Hochburg katholischer Gelehrsamkeit zu machen. Die Gelehrten wehrten sich, und der Autor der ›Principia‹ übernahm erstaunlicherweise die Rolle eines Vorreiters. Newton, der heimliche Ketzer, hatte endlich ein Ziel für seine Ängste, gegen das er mit Fug und Recht kämpfen konnte. Sein entschlossener Widerstand gegen den König war tapfer und sogar kühn, obwohl niemand ahnte, welche Kräfte sich dahinter verbargen. Wäre James II. nicht geflohen und es nicht zur Protestantischen Monarchie unter William und Mary gekommen, hätte Newton in höchster Gefahr geschwebt. So mancher endete für Geringeres am Galgen.

Als Anerkennung wurde Newton zum Abgeordneten der Universität im Parlament ernannt. Seine Tätigkeit brachte es mit sich, daß er zeitweise in London wohnen mußte. Man begegnete Newton dort mit einer gewissen Ehrfurcht, und er wurde sogar von König William zum Essen geladen. Locke bezeichnete Newton als »den schärfsten aller Denker«. Außer ihm lernte Newton noch andere Größen der Zeit wie Sir Christopher Wren kennen, der damals gerade die St. Pauls Kathedrale in London erbaute, außerdem den durch seine Tagebücher berühmt gewordenen Admiralitätssekretär Samuel Pepys, der unangebrachterweise Präsident der Royal Society geworden war, und Charles Montague, den ehrgeizigen Politiker, der später als Lord Halifax bekannt wurde. Newton hatte viele Anhänger unter den jüngeren Wissenschaftlern und nutzte seinen Einfluß, einigen von ihnen zu Ernennungen auf die wenigen Stellen zu verhelfen, die »Naturphilosophen« offenstanden. Einer dieser Assistenten war ein gewisser Nicolas Fatio de Duillier, ein junger Schweizer Mathematiker, der den deutschen Mathematiker und Philosophen Leibniz und den holländischen Physiker Huygens kennengelernt hatte, den Erfinder des ersten wirklich präzisen Chronometers. Newton mochte Fatio de Duillier vom ersten Augenblick an und entwickelte rasch eine enge emotionale Bindung zu ihm. Sogar in Newtons wissenschaftlichen Arbeiten tauchte Fatio de Duilliers Name immer wieder auf, indem Newton Informationen erwähnte, die dieser ihm hatte zukommen lassen. Das war in der Tat eine seltene Ehre. Newton wohnte ganz in der Nähe von Fatio de Duillier, wenn er sich in London aufhielt, und dieser schlug sogar vor, Newton solle nicht länger in Cambridge wohnen bleiben, sondern eine Stelle in London annehmen. Der große zeitgenössische Newton-Biograph, Richard S. Westfall, bezeichnet Newtons Beziehung zu Fatio als das tiefgreifendste Erlebnis seines Erwachsenendaseins. Waren sie getrennt, tauschten sie Briefe aus, die immer intensiver wurden.

Diese Verliebtheit schenkte dem 48jährigen Newton neue Energien, selbst wenn er sich dessen, was mit ihm geschah, nicht bewußt war. Neben echter wissenschaftlicher Arbeit in der Optik stürzte er sich mit neuer Begeisterung in seine alchemistischen Studien. Sein Assistent berichtet, Newton habe etwa sechs Wochen im Labor verbracht, wobei das Feuer Tag und Nacht gebrannt habe. Mal habe Newton nachts Wache gehalten, mal er, bis die chemischen Experimente beendet waren. Gleichzeitig gab ihm sein wachsendes Selbstvertrauen den Mut, seine religiösen Funde zu Papier zu bringen. Er zeigte sie sogar Locke, der eine anonyme Veröffentlichung in Holland vorschlug. Im letzten Augenblick machte Newton einen Rückzieher. Wenn er sich gegen die Dreifaltigkeit wende, würde er den Namen seines Colleges verunglimpfen, von seinem eigenen Namen ganz abgesehen.

Es gibt einen nicht bestätigten Bericht, demzufolge Newton sein College mehr als nur beinahe verunglimpfte. Eines Morgens soll er in die Kirche gegangen sein, nachdem er die Nacht durchgearbeitet hatte. Noch ganz in Gedanken ließ er eine Kerze auf dem Tisch brennen, die sein Hund während seiner Abwesenheit umstieß. Wertvolle unveröffenlichte Unterlagen, an denen Newton jahrelang gearbeitet hatte, gingen in Flammen auf. Als er aus der Kirche kam, soll Newton ausgerufen haben: »Oh Diamond! Du hast keine Ahnung, was für ein Unheil du angerichtet hast.«

Newtons ohnehin überfordertes Gemüt stand immer sehr unter Druck. Gegen Ende 1692 scheint Newtons Glaube an die Alchemie nachhaltig erschüttert worden zu sein. Gleichzeitig kam es zu einer weiteren Krise, da Fatio de Duillier sehr krank wurde. Eines Tages kündigte ihm dieser plötzlich an, seine Mutter in der Schweiz sei gestorben, und er müsse in die Heimat zurückkehren. Newton packte die Verzweiflung. Er bestürmte Fatio mit Briefen, aus denen seine Seelenqual deutlich wird, bei ihm in Cambridge zu wohnen. Trotz der tiefen Anziehung, die Newton auf ihn ausübte, wich Fatio aus. Der Briefwechsel wurde immer intensiver.

Dann brach er ab. Über den Grund können wir nur spekulieren.

Um diese Zeit bemerkte ein Kollege Newtons, daß dieser unter Beschwerden litt, die seinen Kopf betrafen und Newton fünf Nächte nicht schlafen ließen. Über die nächsten vier Monate wissen wir nichts. Dann folgt ein Brief Newtons an Pepys: »... ich bin bestürzt über meine Verwirrtheit ... und habe auch meine frühere geistige Kraft verloren ...« Drei Tage später erhält Locke ein tintenverschmiertes Gekritzel von Newton, im Bull, einer Kneipe in Shoreditch im Osten Londons, verfaßt. Darin bittet er Locke um Verzeihung, daß er »überzeugt war, daß Sie mich mit Frauen und durch andere Mittel in Verwirrung stürzen wollten« und gewünscht hatte, »daß Sie besser tot wären«.

Newton hatte einen zweiten Nervenzusammenbruch erlitten; es sollten fast zwei Jahre vergehen, bis er sich davon erholte. Fatio scheint es noch schlimmer ergangen zu sein. Er verschwand völlig von der mathematischen Szene. Das nächste, was man von ihm hörte, war, daß er bei einer religiösen Sekte französischer Exilanten lebte.

Newton arbeitete nie wieder wissenschaftlich, zumindest nicht in großem Rahmen. Er schrieb jedoch Zusammenfassungen seiner bisher unveröffentlichten Arbeiten, was sein Ansehen noch weiter steigen ließ. Als er wieder genesen war, drängten ihn seine Freunde, sich eine angesehene Stellung in London zu suchen. Noch immer weigerte er sich hartnäckig, die Präsidentschaft der Royal Society zu übernehmen, weil Hooke nach wie vor deren Kurator war. Newton wandte sich an seinen politischen Freund Montague und wurde zum Münzwardein (Münzaufseher) bestallt, mit dem ungeheuren Gehalt von 2000 Pfund im Jahr. In jenen Tagen konnte sich ein Facharbeiter glücklich schätzen, wenn er 20 Pfund jährlich verdiente.

Der größte Geist Englands sollte durch die Bestallung zum Münzwardein mit einem einträglichen Ruheposten belohnt werden. So lautet zumindest die offizielle Version der Geschichte. Doch Newtons französischer Bewunderer Voltaire kommentiert den Vorgang folgendermaßen: »In meiner Jugend glaubte ich, daß Newton wegen seiner Verdienste sein Glück gemacht hat. Ich dachte, daß der Hof und die Stadt London ihn aus Begeisterung zum Direktor der Münze bestellt hätten. Keineswegs. Isaac Newton hatte eine sehr charmante Nichte, Madame Conduitt, die die Gunst von Minister Halifax gewann. Fluxionen und Gravitation hätten nichts genützt ohne eine hübsche Nichte.«

Komischerweise scheint diese unglaubliche Geschichte nicht völlig aus der Luft gegriffen zu sein.

Wie auch immer, Newton hatte keineswegs die Absicht, seinen Posten als Ruheposten zu betrachten. Er hatte ganz andere Pläne. Damals wurde die englische Währung von Fälschern und Beschneidern gefährdet. Letztere entfernten die Ecken der Gold- und Silbermünzen. Wieder einmal hatte Newton eine Aufgabe und konnte Dampf ablassen. Diesmal bestand keinerlei Gefahr für

ihn, und so war er nicht mehr zu halten. Innerhalb weniger Monate war Newton der Schrecken der Unterwelt. Rachgierig führte er einen Feldzug gegen alle Falschmünzer, deren er habhaft werden konnte. Über hundert brachte er in Newgate hinter Schloß und Riegel, und etliche landeten in Tyburn am Galgen. Er bestand darauf, bei allen Prozessen anwesend zu sein.
Es dauerte nicht lange, und abgebrühte Gauner zitterten schon bei der Erwähnung seines Namens. Newton war wie besessen. Mit einer bewaffneten Eskorte machte er seine Runden durch die Kneipen und führte »Gespräche« mit Verdächtigen und Polizeispitzeln. Bei diesen »Gesprächen« ließ er seinem Zorn freien Lauf und machte keinen Unterschied zwischen abgebrühten Verbrechern und Unschuldigen. Man sagte, die Mitschriften dieser Verhöre lasen sich wie Gays ›Bettleroper‹. Leider zerstörte Newton später diese Aufzeichnungen. Laut einem Beamten der Münze, seinem damaligen Assistenten, verbrannten sie ganze Kisten voll Unterlagen.
Newtons Kampf gegen die Falschmünzer erregte bald die Aufmerksamkeit von Kreisen, die nicht zur Unterwelt gehörten. Ein gewisser Chaloner, der im Ruf eines Erfinders stand, schlug dem Parlament vor, das Prägeverfahren der Münze mit seinen Erfindungen zu verbessern. Newton war wie immer entschieden dagegen, sich in die Karten blicken zu lassen, und verweigerte Chaloner eine Besichtigung der Prägemaschinen. Woraufhin Chaloner die Münze beschuldigte, Falschgeld zu

prägen und mit den Falschmünzern unter einer Decke zu stecken.

Das war ein großer Fehler. Newton, der eine Menge zu verstecken hatte (u. a. sein Ketzertum), reagierte geradezu paranoid, als man ihm vorwarf, er würde seine Amtsgewalt mißbrauchen. Newton ermittelte nun mit erbarmungsloser Hartnäckigkeit gegen Chaloner und entdeckte mit Hilfe seiner Spitzel in der Unterwelt, daß Chaloner sein Vermögen als Falschmünzer erworben hatte. Chaloner genoß zwar die Protektion mächtiger Freunde, zu denen auch Parlamentsmitglieder gehörten, doch Newton verfolgte ihn mit nimmermüder Leidenschaft. Chaloner war ein rücksichtsloser Patron, der seine Mitarbeiter anzeigte, auch wenn das den Galgen für sie bedeutete. Um seine Haut zu retten, bedrohte er sogar Newton. Doch Chaloner hatte Newton einen Lügner genannt (was Newton natürlich war, wenn er in der Kirche betete). Newton fand keine Ruhe, solang der Mann lebte. Das Ende war unvermeidbar. Chaloner wurde 1699 in Tyburn gehängt.

Im selben Jahr wurde Newton zum Direktor der Münze ernannt und sein Gehalt auf 3500 Pfund angehoben. Inzwischen mußte Newton seine Aufmerksamkeit wichtigeren Dingen als Chaloner zuwenden. Das Beschneiden der Münzen hatte das gesamte Silbergeld auf die Hälfte seines vorgeschriebenen Gewichts reduziert. Mit der Folge, daß englisches Geld auf dem europäischen Festland häufig nicht angenommen wurde. Für den Handel war das ein harter Schlag, und das Schatzamt stand kurz vor dem Bankrott. Sollte es dazu kommen, würde die protestantische Monarchie bald folgen und die gefürchteten katholischen Stuarts wieder den Thron besteigen.

Verzweifelt entschied die Regierung, daß es nur einen Ausweg gebe, nämlich den gesamten Münzbestand neu zu prägen. Newton stellte sich dieser Mammutaufgabe mit seiner typischen Zielstrebigkeit. 300 Menschen und 50 Pferde, welche die Pressen drehten, gingen in der Münze zu Werk, und in nur drei Jahren wurden 6500000 Pfund neu geprägt. Eine gigantische Leistung. In den vergangenen 30 Jahren war nur die Hälfte dieser Menge geprägt worden.

1703 starb Hooke, und Newton wurde Präsident der Royal Society. Da Großherzigkeit Newton fremd war, befahl er sofort, das Porträt Hookes zu verbrennen. Dann machte er sich daran, der Society neues Leben einzuhauchen, denn sie war zu einer Tratschrunde verkommen. Unter anderem führte er wöchentliche Treffen ein, bei denen jeweils ein neues Experiment vorgeführt wurde. Anders als frühere Präsidenten, die bei den Sitzungen selten anwesend waren, fehlte Newton in den kommenden 20 Jahren nur dreimal.

Auch als Präsident der Royal Society führte sich Newton unmöglich auf. Seine Opfer waren nun allerdings nicht mehr Mitglieder der Londoner Unterwelt, sondern der Royal Society. Die abscheulichste Episode betraf Flamsteed, den königlichen Astronomen, den Newton buchstäblich zu Tode hetzte.

Bereits als Newton seine ›Principia‹ verfaßte, war es zu einer Auseinandersetzung zwischen Newton und Flamsteed gekommen. Newton brauchte Zahlen, die auf Beobachtungen beruhten, um seine Berechnungen der Mondumlaufbahn zu untermauern. Deshalb wandte er sich an Flamsteed vom Königlichen Observatorium in Greenwich. Flamsteed war Perfektionist und arbeitete bereits seit über zehn Jahren an der – wie sich später herausstellte – genauesten und umfassendsten Himmelskarte, die je gezeichnet worden war. Newton brauchte jedoch sofort genaue Zahlen. Flamsteed wollte die Früchte seiner langen Arbeit nicht in einzelnen Portionen erscheinen lassen und rückte sein Material nur widerwillig heraus. Die Folge war, daß Newton ihn wie Hooke behandelte und alle Erwähnungen Flamsteeds aus der zweiten Auflage seiner ›Principia‹ tilgte. Doch das sollte nur der Anfang sein.
Mit Newtons Amtsantritt als Präsident der Royal Society unterstand ihm auch das Königliche Observatorium. Er befahl Flamsteed, seine Ergebnisse umgehend zu veröffentlichen. Flamsteed protestierte und kämpfte jahrelang mit gerissener Verzögerungstaktik gegen Newtons fortwährende Einschüchterungsversuche. Doch Newton ließ sich nicht so leicht in die Irre führen. Schließlich hetzte er seinen Freund Halley auf, Flamsteeds Lebenswerk zu beschlagnahmen. Halley erhielt den Auftrag, es persönlich für die Veröffentlichung zu bearbeiten, und es wurde in 400 Exemplaren herausgegeben. Flamsteed war zu Recht zutiefst empört.

Es gelang ihm, einen gerichtlichen Beschluß gegen die Royal Society zu erwirken. Doch er kam zu spät, die Bücher waren bereits ausgeliefert worden. Mit der Hilfe von Freunden gelang es Flamsteed, 300 Exemplare aufzuspüren; er verbrannte sie persönlich. Die Royal Society war zwar die größte Institution ihrer Art in Europa, doch ihre Verfahrensweisen – insbesondere die ihres Präsidenten – waren manchmal alles andere als wissenschaftlich.
Nun, da Hooke tot war, entschied Newton, daß er, ohne Gefahr zu laufen, einige seiner eigenen Werke veröffentlichen konnte. Niemand in England besaß die Kühnheit, Newton in Frage zu stellen, und schon gar nicht, ihn des Plagiats zu beschuldigen. 1704 veröffentlichte Newton sein zweites Meisterwerk, die ›Opticks‹ (dt. ›Optik‹). Es war nicht viel mehr als eine Zusammenfassung seiner bahnbrechenden Arbeiten über das Licht von vor 30 Jahren. Als Anhang veröffentlichte er zwei Arbeiten, in denen er seine ebenfalls vor 30 Jahren entdeckte Infinitesimalrechnung vorstellte. Das Unglück wollte es, daß der deutsche Philosoph Leibniz seine eigene Version der Infinitesimalrechnung 20 Jahre zuvor veröffentlicht hatte. Die unausweichliche Beschuldigung des Plagiats steigerte sich bald zu einem richtigen Affentanz.
Soweit wir wissen, sehen die Tatsachen folgendermaßen aus: Leibniz hatte mit Sicherheit frühe Arbeiten Newtons gesehen, jedoch mit ebenso großer Sicherheit davon unabhängig seine eigene Version der Infinitesi-

malrechnung ausgearbeitet. Seine Notierung ist eine völlig andere. Leibniz' Notierung – wie etwa das Zeichen Integral für Integration – ist diejenige, die heute in Gebrauch ist, wie auch der Name, den er seiner Entdekkung gegeben hatte, Differential- und Integralrechnung. Newtons mangelnde Bereitschaft, über sein Werk mit anderen zu diskutieren, verdammte seine Fluxionen dazu, in Vergessenheit zu geraten. Leibniz' Infinitesimalrechnung wurde bereits von den Mathematikern Europas angewandt. Es kann jedoch kein Zweifel bestehen, daß Newton diese Methode als erster entdeckte.

Es sollte sich jedoch bald zeigen, daß Tatsachen auf beiden Seiten keine Rolle spielten. Unter Wissenschaftlern bildete sich die traurige – und noch immer bestens funktionierende – Tradition heraus, sich auf höchst unwissenschaftliche Weise über Grundsatzfragen zu streiten. Newtons neuer Gegner war Hooke noch überlegen; Leibniz' intellektuelles Format und seine Hartnäckigkeit fanden nur in Newton ihresgleichen.

Leibniz beging den taktischen Fehler, Newton der Unredlichkeit zu beschuldigen. Wieder rastete Newton vollständig aus. Er wurde buchstäblich krank vor Wut. Es kam zu einem bissigen Briefwechsel zwischen den Vertretern der rivalisierenden Parteien, in dessen Verlauf die beiden größten Geister Europas eine atemberaubende Skrupellosigkeit an den Tag legten.

Es wurde beschlossen, daß die Royal Society ein Komitee zur Untersuchung der Angelegenheit einsetzen sollte. Newton schnappte sich dessen Bericht und schrieb ihn zu seinen Gunsten um. Dann verfaßte er sogar eigenhändig anonyme Besprechungen des Berichts. Er scheute sich nicht, zahlreiche Schmähschriften gegen Leibniz aufzusetzen und bedeutende Wissenschaftler und Mathematiker so einzuschüchtern, daß sie sie in ihrem Namen veröffentlichten. Leibniz war aber auch kein Waisenknabe, und der Kampf wogte bis zu Leibniz' Tod im Jahre 1714.

Doch so schnell beruhigte sich Newton nicht. Er verfolgte Leibniz über das Grab hinaus. Besucher berichten von spontanen Schimpftiraden gegen den toten deutschen Philosophen, und die meisten wissenschaftlichen Arbeiten, die Newton danach veröffentlichte, enthielten einen Abschnitt, in dem er wütend über seinen verstorbenen Gegner herfiel. Leibniz war nun nicht mehr in der Lage, seinen Vorwurf der Unredlichkeit zurückzunehmen, und das Stigma haftete weiter an Newton.

Zu Recht haben Psychologen die Frage aufgeworfen, ob es vielleicht eine Unaufrichtigkeit bei Newton gab, die er unter allen Umständen verbergen wollte. Etwas, das über seine Ketzerei, seine krankhaften Ängste hinausging; ihn dazu trieb, Tag und Nacht zu arbeiten und es ihm unmöglich machte, Fragen oder Anschuldigungen jedweder Art zu ertragen. Es kann durchaus sein, daß er seine Homosexualität ahnte oder vor einem anderen Geheimnis, mit dem er nicht fertrig wurde, Angst hatte. Doch wenn das so war, trieb ihn seine Flucht vor seiner wahren Natur auch dazu, noch tiefere Wahrheiten über die Natur zu entdecken. Sein Versagen als Mensch – sowohl psychologisch als in seinem Verhalten – scheint untrennbar mit seinem Erfolg als Wissenschaftler verknüpft zu sein. Die einzigartige Qualität seiner Leistung ist bisher jedoch unerklärlich.

Newtons späteres Leben wurde wiederholt als eine Verschwendung seiner großen Begabung gewertet, und es trifft zu, daß er nichts mehr entdeckte – aber was hätte er noch entdecken sollen? In der Regel sind derlei Fragen müßig. Doch in Newtons Fall stehen wir in der Tat noch vor einigen unvollendeten Kapiteln. Nehmen wir etwa seine Theorien zum Licht. Newton hielt daran fest, daß das Licht aus Teilchen bestehe, räumte jedoch auch ein, daß gewisse Indizien für die Wellentheorie zu sprechen schienen. Hätte er sich mit dieser Frage gedanklich auseinandergesetzt, wäre er möglicherweise auf eine der Quantentheorie ähnliche Idee gekommen, nach der Licht aus Teilchen *und* Wellen besteht. Es sollten noch 200 Jahre vergehen, bis der dänische Physiker Niels Bohr mit seiner Theorie die Physik des 20. Jahrhunderts wachrüttelte.

Nach Newtons Übersiedelung nach London im Alter von 43 Jahren war er mit Sicherheit nicht länger das alle überragende Genie von einst, doch konnte er sich noch immer mit den besten Köpfen Europas messen. 1696 befaßte sich Leibniz zusammen mit seinem Freund, dem Schweizer Mathematiker Johann Bernoulli, der ihm schon bei der Entwicklung seiner Version der Integralrechnung geholfen hatte, mit dem folgenden Problem: Welche Kurve beschreibt ein schwerer, nur von seiner eigenen Masse getriebener Körper, von einem Punkt zu einem anderen, der nicht senkrecht unter ihm liegt, in der kürzesten Zeit? Dieses Problem der Brachistochrone war allen führenden Köpfen Europas vorgelegt worden. Newton erhielt die Aufgabenstellung eines Nachmittags, als er nach einem harten Arbeitstag in der Münze nach Hause kam. Er mochte es noch immer nicht, seine Arbeit der Öffentlichkeit vorzulegen (oder gar darüber zu diskutieren). Es existiert ein Brief an einen Kollegen, aus welchem hervorgeht, daß Newton es nicht schätzte, von Ausländern mit mathematischen Dingen belästigt und geplagt zu werden, wie er es formulierte. Dennoch konnte er der Versuchung nicht widerstehen, sich die Aufgabe nach dem Essen anzuschauen, und gegen vier Uhr in der Frühe hatte er sie gelöst. Die Kurve ist eine Zykloide (oder Radlinie), erzeugt vom Punkt a auf dem Umfang des abrollenden Kreises. Am nächsten Tag schickte Newton seine Lösung anonym ab; doch Bernoulli wußte sofort, wer dafür verantwortlich war, und machte seine berühmte Bemerkung: »Ich erkenne den Löwen an seiner Tatze.«

Zwanzig Jahre später – Newton war 74 Jahre alt – provozierte Leibniz seinen alten Feind noch einmal mit einer Aufgabe, die angeblich für die »Bruderschaft der scharfsinnigen Mathematiker« eine Herausforderung darstellte. Modern ausgedrückt war die Fragestellung:

Wie lauten die orthogonalen Trajektorien einer beliebigen Familie von Kurven mit einem Parameter? Diese Frage verbarg eine gemeine Falle. Auch dieses Mal erhielt Newton die Aufgabe, als er von der Arbeit in der Münze nach Hause kam, und hatte sie gelöst, bevor er zu Bett ging. Die geniale Falle überlistete er, indem er bewies, daß sie für die Aufgabe irrelevant sei. Leibniz enthielt sich jeden Kommentars; er schickte keine weiteren Fragen, und ein Jahr später war er tot.

Newton war bereits mit Anfang Dreißig ergraut, weil er sich so sehr auf seine Studien konzentrierte – das war zumindest die Meinung eines Kollegen in Cambridge. Doch davon abgesehen erfreute er sich zeitlebens bester körperlicher Gesundheit bis zum Ende seiner Tage. Er brauchte nie eine Brille, und er verlor nur einen einzigen Zahn. Zeitgenössische Quellen behaupten, er habe sehr mäßig, ja sogar ärmlich gelebt. Französische Besucher beklagten sich über das ungenießbare Essen und den gleichermaßen erbärmlichen Wein. Dabei muß man sich allerdings vor Augen halten, daß die Franzosen über englische Gerichte nie etwas anderes sagen. Newtons Eßgewohnheiten scheinen auch wirklich nur an den Maßstäben des 18. Jahrhunderts gemessen bescheiden gewesen zu sein. Auf einer typischen Rechnung für Lebensmittel und Haushaltswaren sind unter anderem eine Gans, ein Hühnchen, zwei Truthähne und zwei Kaninchen zu finden. Bei seinem Tod schuldete Newton seinem Brauer nicht weniger als sieben Pfund und zehn Schilling für fünfzehn Faß Bier. Das

sieht nicht gerade nach mönchischer Enthaltsamkeit aus.
Newton blieb bis an sein Lebensende Münzdirektor. Er wurde auch jedes Jahr zum Präsidenten der Königlichen Gesellschaft wiedergewählt. Niemand wagte, sich ihm entgegenzustellen. Auch als er über achtzig war, nahm er noch regelmäßig an den wöchentlichen Treffen teil und schlief dabei nur gelegentlich ein. Er bereitete spätere Ausgaben seiner ›Principia‹ und der ›Opticks‹ vor und betrieb seine theologischen Spekulationen eifrig weiter. Dabei schrieb er solche Werke wie ›Observations upon the Prophecies of Daniel and the Apocalypse of St John‹ und ›The Chronology of Ancient Kingdoms Amended‹. Im letzteren errechnete er das genaue Datum des Weltbeginns nach seiner eigenen Bibelinterpretation. Er fand immer etwas, womit er sich beschäftigen konnte. Ein anderer Biograph Newtons, Manuel, sagte über ihn, daß Newton, wenn er sonst nichts zu tun hatte, seitenweise Abschriften angefertigt habe; Aktionismus als trügerisches Beruhigungsmittel gegen die Angst.
Während seiner letzten Lebensjahre wurde Newton von seiner Nichte – nicht länger eine Londoner Schönheit – sowie deren Mann betreut. Dieser schrieb gewissenhaft die Geschichten und Erinnerungen des großen alten Mannes auf. Isaac Newton, der glänzendste Wissenschaftler aller Zeiten, starb am 20. März 1727 im Alter von 84 Jahren.
Er wurde mit großem Pomp in der Westminster Abbey

beigesetzt. Sein Sargtuch wurde von Herzögen, Grafen und dem Lord Chancellor getragen. Riesige Menschenmengen erschienen zu seinem Begräbnis. Voltaire, der damals England einen Besuch abstattete, bemerkte verwundert: »England ehrt einen Mathematiker wie andere Nationen nur einen König, der gut zu seinen Untertanen war.«

Anhang

& Ideen

Zitate zu Newton

Der abgelehnte Epitaph für Newtons Grabmal

»Die Natur und ihre Gesetze lagen verborgen im Dunkel
der Nacht.
Gott sprach: *Es werde Newton!* und alles wurde ans Licht
gebracht«
Alexander Pope

Zeilen, die angeblich beim Anblick von Newtons Standbild in der Kapelle des Trinity College bei Mondschein entstanden:

»… Und wenn ich nachts beim Schein des Mondes oder
Bei hellem Sternenlicht von meinem Kissen
Hinaussah, hatte ich das Vestibül
Vor meinem Blick, in dem die Statue Newtons
Das Prisma hochhält mit verschloßnem Antlitz:
Das Marmordenkmal eines Geistes, der
Für ewig einsam auf der Reise war
Durch fremde Meere menschlichen Erforschens.«
William Wordsworth, ›Präludium‹, Drittes Buch

Aus Einsteins Einleitung zu einer neuen Ausgabe der ›Opticks‹:

Glücklicher Newton, glückliche Kindheit der Wissenschaft … Die Natur lag offen vor ihm wie ein Buch, und er las es mühelos. Die Vorstellungen, deren er sich bediente, um das Material seiner Erfahrung zu ordnen, schienen spontan aus der Erfahrung selbst zu erwachsen, aus den schönen Experimenten, die er wie Spielzeug anordnete und liebevoll im Detail beschrieb …

Newtons Zeitalter ist seit langem vergessen, das von Zweifeln und Leiden geprägte Streben seiner Generation ist dahin. Die Werke einiger großer Denker und Künstler sind geblieben, zu unserem und unserer Nachfahren Entzücken und Erbauung. Newtons Entdeckungen sind Bestandteil des menschlichen Wissens geworden.

Newtons Definition der Kraft in den ›Principia‹:

»Eine übertragene Kraft ist die auf einen Körper ausgeübte Wirkung, seinen Zustand zu ändern, entweder den der Ruhe oder den der gleichförmigen, geradlinigen Bewegung.
Diese Kraft besteht nur in der Wirkung, und sie wird nicht länger auf den Körper ausgeübt, wenn die Wirkung vorbei ist. Nur durch die Kraft der Trägheit vermag der Körper in jedem neu erreichten Zustand zu verharren. Die übertragenen Kräfte sind jedoch verschiedenen Ursprungs, wie z. B. Stoss, Druck, Centripetalkraft.«

Erinnerungen des alten Newton

»Im selben Jahr [1666] begann ich darüber nachzudenken, ob die Schwerkraft bis zur Umlaufbahn des Mondes reicht. Nachdem ich herausgefunden hatte, wie die Kraft abzuschätzen ist, mit der eine in der Kugel umlaufende Kugel auf die Oberfläche der Kugel drückt, leitete ich aus Keplers Regel, nach der sich die periodischen Zeiten der Planeten im Verhältnis drei zu zwei zum Abstand vom Mittelpunkt ihrer Umlaufbahnen verhalten, dem Quadrat ihrer Abstände von jenen Zentren, um die sie laufen, reziprok sein müssen. Nun verglich ich anhand dessen die Kraft, die erforderlich ist, um den Mond auf seiner Umlaufbahn zu halten, mit der Schwerkraft auf der Erdoberfläche und fand eine ziemlich genaue Entsprechung der beiden. All dies geschah in den beiden Pestjahren 1665 und 1666, denn in jenen Jahren stand ich in der Vollkraft meiner Jahre für die Erfindung und beschäftigte mich mehr als irgendwann seither mit Mathematik und Philosophie ...«

Das Leben von Sir Isaac Newton

1642	Geboren im Weiler Woolsthorpe, Lincolnshire
1644	Zweite Eheschließung der Mutter, die ins Nachbardorf zieht und Isaac bei der Großmutter läßt.
1653	Rückkehr der Mutter nach dem Tod ihres zweiten Mannes.
1659	Auf Wunsch der Mutter bricht Newton seine Ausbildung in Grantham ab und übernimmt den Bauernhof.
1661	Er geht als Stipendiat nach Cambridge ans Trinity College.
1665	Abschluß seines Studiums mit dem Bachelor of Arts und Flucht vor der Pest nach Woolsthorpe.
1665/66	Newtons *anni mirabiles* – er hat den entscheidenden Einfall zum Gravitationsgesetz.
1667	Rückkehr nach Cambridge und Wahl zum Fellow von Trinity College.
1669	Ernennung zum Lukasischen Professor für Mathematik in Cambridge
1672	Wahl zum Fellow der Royal Society
1678	Erster Nervenzusammenbruch nach der Auseinandersetzung mit Hooke
1687	Veröffentlichung der ›Principia Mathematica‹
1693	Zweiter Nervenzusammenbruch nach dem Bruch mit Nicolas Fatio de Duillier.
1696	Umsiedelung nach London und Ernennung zum Königlichen Münzwardein
1699	Ernennung zum Direktor der Königlichen Münze
1703	Newton übernimmt die Präsidentschaft der Royal Society nach Hookes Tod.
1704	Veröffentlichung der ›Opticks‹ (dt. ›Optik‹)
1727	Tod im Alter von 84 Jahren

Chronik seiner Zeit

1642	Tod von Galileo Galilei Ausbruch des Bürgerkrieges in England Der holländische Forscher Tasman erstellt Karten der Küste von Van Diemen's Land (heute Tasmanien).
1648	Ende des Dreißigjährigen Krieges; weite Teile Deutschlands sind verwüstet.
1649	Hinrichtung von Charles I. Ausrufung des Commonwealth von England. Erste erfolgreiche Revolution und Errichtung einer Republik in einem größeren europäischen Staat.
1650	Tod von Descartes
1660	Ende des Commonwealth. Wiedereinsetzung von Charles II. auf den Thron
1664–65	Ausbreitung der Pest in England
1665	Tod des großen französischen Mathematikers Fermat
1669	Die englische Regierung entwirft eine Verfassung für die amerikanischen Kolonien Nord- und Südkarolina
1688	Glorreiche Revolution. Flucht von James II. Die protestantischen Monarchen William und Mary besteigen den Thron.
1670	Locke begründet die Philosophie des Empirismus mit ›Versuch über den menschlichen Verstand‹.
1706	Das Bündnis zwischen dem englischen und schottischen Parlament führt zur Bildung Großbritanniens.
1715	Tod Ludwigs XIV. in Versailles
1716	Tod des deutschen Philosophen Leibniz

Bücher über Sir Isaac Newtons Leben und Werk

Richard S. Westfall:
Isaac Newton. Eine Biographie, Heidelberg: Spektrum, 1996
Das momentan maßgebliche Werk über Newton

John Fauvel / Raymond Flood / Michael Shortland (Hg.):
Newtons Werk. Die Begründung der modernen Naturwissenschaft, Basel: Birkhäuser, 1993
Betrachtung von Leben und Werk des großen Wissenschaftlers

Frank E. Manuel:
A Portrait of Isaaac Newton, London: Da Capo Press, 1990
Die beste psychologische Studie über Newton

Bernard Cohen (ed.):
Newton. London, 1995
Texte, Hintergründe und Kommentare

Ivars Peterson:
Was Newton nicht wußte. Chaos im Sonnensystem, Frankfurt am Main: Insel, 1997
Newton und das Jenseits

Paul Strathern

Hawking
& die Schwarzen Löcher
aus dem Englischen
von Xenia Osthelder

Band 14111

Stephen Hawking ist vermutlich der bekannteste lebende Naturwissenschaftler. Sein Buch ›Eine kurze Geschichte der Zeit‹ wurde ein Welt-Bestseller. Seine Entdeckungen und Forschungen über Schwarze Löcher und Kosmologie gelten als wegweisende Schritte in eine neue Ära; seine Entdeckungen haben unsere Sicht auf die Welt und den Kosmos für immer verändert.
Wie Hawking zu seinen Entdeckungen gekommen ist, was er tatsächlich entdeckt hat und warum es so großen Einfluß auf das Leben zukünftiger Generationen haben wird, beschreibt Strathern ebenso unterhaltsam wie informativ.

Köpfe & Ideen

Fischer Taschenbuch Verlag

fi 7100 / 1 re

Köpfe & Ideen

Paul Strathern

Crick, Watson & die DNA
aus dem Englischen
von Xenia Osthelder

Band 14112

Die Entdeckung der doppelt gewundenen Struktur der DNA, dem Baustein allen Lebens, durch Francis Crick und James Watson hatte gewaltige Auswirkungen. Nicht nur ganze Forschungszweige in Biochemie und medizinischer Forschung sind daraus entstanden, auch unser Alltagsleben hat sich seitdem verändert: Gentechnisch veränderte Lebensmittel wurden erst aufgrund dieser Entdeckung möglich. Die grundsätzliche Manipulierbarkeit des Erbguts hat auch neue ethische Fragen aufgeworfen.
Die Erforschung der DNA-Struktur war ein spannendes Rennen zahlreicher Forscher um die Aufschlüsselung des Bauprinzips der Erbsubstanz. Strathern schildert diesen Wettlauf, der zum Höhepunkt der wissenschaftlichen Karriere der beiden Biologen und Startpunkt einer neuen Wissenschaft – der Genetik – wurde, und erklärt die Bedeutung ihrer Entdeckung für dieses Jahrhundert.

Fischer Taschenbuch Verlag

fi 7101 / 1 li

Paul Strathern

Turing & der Computer

aus dem Englischen
von Xenia Osthelder

Band 14113

Der Computer hat das moderne Leben revolutioniert wie kaum eine andere Maschine; er hat alle Bereiche von Arbeit, Kommunikation und Information so sehr verändert, daß sie ohne ihn schlicht unvorstellbar geworden sind. Ohne Zweifel ist er eine der zentralen Erfindungen des 20. Jahrhunderts.
Nur wenige kennen den britischen Mathematiker Alan Turing, dessen nach ihm benannte Maschine das theoretische Modell aller Computer ist. Turing, der während des Zweiten Weltkriegs die Entwicklung von Rechenmaschinen zugunsten der Entschlüsselung des deutschen Enigma-Codes unterbrach, geriet weithin in Vergessenheit. Doch seine mathematische Grundlagenforschung hat der Realisierung des Computers zum Durchbruch verholfen. Strathern erzählt die tragische Lebensgeschichte dieses brillanten Wissenschaftlers, der mit einem vergifteten Apfel Selbstmord beging, und erklärt Einfluß und Bedeutung des Computer für unser Leben am Ende dieses Jahrhunderts.

Köpfe & Ideen

Köpfe & Ideen

Paul Strathern

Galilei & das Sonnensystem

aus dem Englischen
von Xenia Osthelder

Band 14118 (erscheint im März '99)

Das Leben des toskanischen Mathematikers Galileo Galilei (1564–1642) ist bis heute verbunden mit einer Legende: der angeblichen Weigerung, vor der Inquisition seine astronomischen Entdeckungen zu widerrufen. Daß der Mensch den göttlichen Schöpfungsplan durch physikalische Erkenntnisse entschlüsseln könne, diese für die Kirche wahrhaft provokative Überzeugung hat Galilei als erster zum Leitgedanken seiner Forschungen gemacht.

Strathern beschreibt das Leben, die Entdeckungen und die zentralen Ideen dieser kontroversen Gestalt an der Schwelle zur Neuzeit, der wir nicht nur das Thermometer, den militärischen Kompaß und funktionstüchtige Teleskope verdanken, sondern auch das Bild des Himmels »wie er wirklich ist«.

Paul Strathern

Pythagoras & sein Satz

aus dem Englischen
von Xenia Osthelder

Band 14115 (erscheint im März '99)

Pythagoras von Samos (ca. 565–490 v. Chr.), der Begründer der religiös-politischen Lebensgemeinschaft der Pythagoreer, war der erste Philosoph und der erste Mathematiker (denn er prägte diese Worte). Seit Pythagoras auch nennen wir unsere Welt einen Kosmos, für ihn der Inbegriff perfekter Harmonie und Ordnung. Daß die Welt mathematischer Natur sei und sich darum in Zahlenverhältnissen erfassen ließe – dieses Prinzip des »Alles ist Zahl« konnte er nachweisen: für die Bewegung der Gestirne, für Tonharmonien und eben den harmonischen Zahlenverhältnissen folgenden Lehrsatz für rechtwinklige Dreiecke.
Stratherns anschauliche und farbige Darstellung beschreibt Leben und Ideenwelt eines Denkers, der schon zu Lebzeiten als göttlich verehrt wurde und dem wir weit mehr verdanken als nur ein mathematisches Beweisverfahren.

Köpfe & Ideen

1